# 历史建筑的再生

## 东京丸之内的四个工程案例

（日）野村和宣 著

陈笛 译

上海 同济大学出版社

再现后的三菱一号馆　© 小川泰祐摄影事务所

砖砌工程的情景

保存工程后的东京中央邮政局与保存复原工程后的东京站

第五期歌舞伎座的夜景　©小川泰祐摄影事务所

从东京站前广场看日本工业俱乐部会馆 © 三轮晃久摄影研究所

# 写给面对历史建筑的设计者

我在综合型建筑设计事务所中从事设计工作。从将建筑设计作为理想的学生时代开始，我就对由旧建筑形成的城市街区怀有兴趣，想要从事在城市街区或建筑设计中活用旧建筑的工作。

从现在算起的10多年前，我有机会参与了位于丸之内的大正时期建设的日本工业俱乐部会馆这座历史建筑的再开发项目，其中包含了保存与再生的设计内容。

当时，一方面，由于1995年（平成七年）1月17日发生的阪神淡路大地震，旧建筑所有者对建筑抗震性的不安情绪愈演愈烈，而实施抗震诊断后发现存在问题的建筑，也不能放置不管。虽然可以自由选择加固建筑或重建建筑，但既然要做大规模调整，还不如以此为契机，不仅在结构方面，而且在防灾及设备方面对建筑进行综合性的功能更新。这必然需要一定数目的施工费用，如果基地条件较好的话，就会开始研讨对土地加以有效活用的不动产事业。

另一方面，历史建筑有着“向后世传达多种多样历史信息的价值”。若是著名建筑，学术团体和市民团体会提出需要加以保存的要求；即使不是著名建筑，由于长时间使用，总是会具有某些价值。因而，建筑的所有者在“功能更新”与“历史继承”的要求之间，不得不作出判断和选择。日本工业俱乐部会馆正面临着这样的状况。

至今为止，在人们的认识中，“保存”与“开发”的向度完全相反。在行将再开发的存有老建筑的土地上，假如基地没有充裕的空间，则很难实现“保存”与“开发”的共存。如能明确定位历史建筑的价值，并提出相关逻辑，那么在开发中实现保存就有了可能，若能更进一步扩大历史继承的范围，这种可能性也就能够进一步扩展。

在着手日本工业俱乐部会馆项目的时候，阪神淡路大地震的记忆尚未消逝，大家集思广益，历经多次研讨，明确历史继承的意义，并寻得切实答案，攻克了确保抗震性的重大课题，实现了保存与开发的并存。这项工程成果的实现，与相关人员的相互协作以及建筑所有者勇敢的决断密不可分，而在整个过程中提出有效提案的设计者的角色也十分重要。

这些年来，以成熟城市的再生为主题，在继承街区历史方面，可以实际感受到对历史建筑的关注度日益高涨。日本工业俱乐部会馆以后，我相继参与了以三菱一号馆、东京中央邮政局、歌舞伎座等以历史建筑为对象的在城市更新中实现历史继承的项目，使用了多种相应的设计方法。

作为设计者，面对历史建筑时，应该摸索建筑的价值，总结为了价值的存续而须解决的课题，进而提出相应的历史继承方法，解决课题，引导建筑所有者得出最优的解答。虽然根据需要也应该寻求专家的鉴定并听取其意见，但作为设计者，应以怎样的思维方式面对历史建筑，这一点非常重要。

这本书的内容，有助于正面对开发项目中存有历史建筑的设计者，它从设计师的立场出发，以具有现场感的具体实例为基础，阐释了应有的思维方式和相关技术。此外，如果这本书的内容不仅对设计者，而且对历史建筑的开发者、施工者以及政府部门的相关人士能有所助益的话，我会倍感荣幸。

野村和宣

2020 年 12 月

从筑地上空看银座・丸之内（1900 年代） 照片提供：三菱地所

从筑地上空看银座・丸之内（2013 年） © SS 东京

## 现今东京丸之内及东银座周边简图

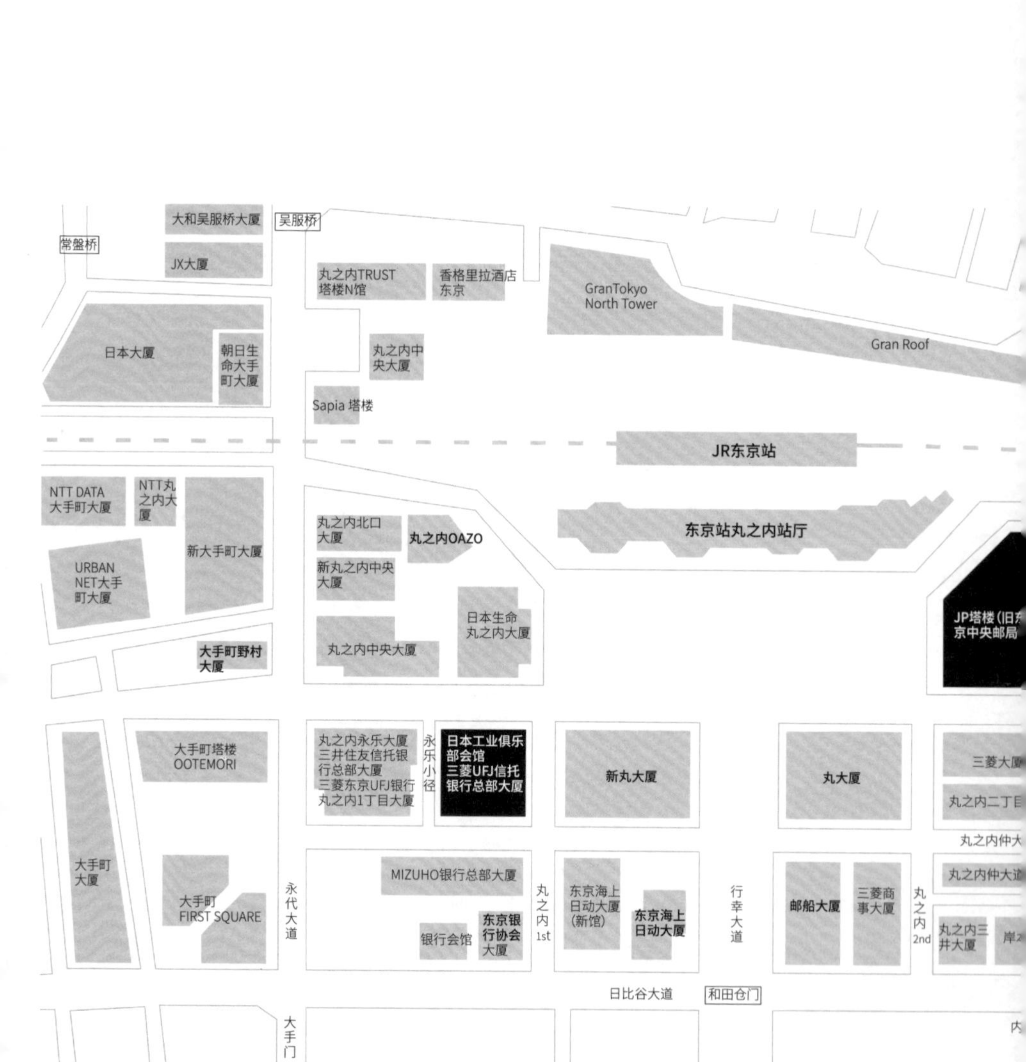

现今东京银座周边简图

现今东京丸之内简图

# 1

# 在城市更新的需求中围绕着历史建筑的环境

## 1.1 继承历史的城市更新时代

**旧时建筑的存在讲述了城市的历史**　进入明治时期的日本，意欲追赶西欧先进国家，全力向近代化迈进。如何才能尽快吸收西欧先进技术并为本国消化，这个问题作为全民认可的价值观为社会所共有。因此，不论是在建筑方面还是在城市规划方面，人们总是在追寻新的技术及思想，由此建筑及城市街区得以逐步更新（图 1-1，图 1-2）。

当然，我们也有在震灾或战灾中一瞬间就失去大量建筑的体验。而且，建筑由于老化或功能方面的原因结束其使命，或在经济合理的背景之下被重建，也是自然的过程。

但是，在日本最为瞬息万变的东京都心区域，若仔细观察，会发现街区中仍留存有传达着历史信息的建筑。这些建筑可以使人感受到城市在时间上的堆叠，也显示出街区的个性。由于工厂旧址的土地再利用，或区划整理等原因而实施的大规模再开发自有其必要性，但同时，由中小规模的再开发积累而成的既有城市街区的再生[1]也很重要。换言之，不应将街区“化为白纸”推翻重建，而应将优质的空间财产在新时代的街区创建中加以活用。此时，历史建筑扮演着重要的角色，要重视它携带的多样意义，并在面向下一个时代的城市更新中加以继承。

本书介绍的实例，以日本近代化中成熟度最高、建筑与城市规划均有显著变化的东京都心区域为对象。在东京都心区域出现的现象最终有可能波及全国各城市的核心区域。因此，当研究各个城市的情况时，这也能成为参考。

东京都心，是在江户时代城下町之上建起的近代城市，虽然皇居与寺院神社是江户时代的遗构，但构成街区的几乎所有其他建筑均为近代以后所建设。这里遭受过关东大地震及第二次世界大战空袭这两次毁灭性的打击。因此，与没有震灾及战灾经验的京都相比，城市街区中历史建筑的占比相当小。第二次世界大战后，经历过快速经济成长与泡沫经济等时期，东京都心以阪神淡路大

1　通过修复、用途变更等方式，使历史建筑物重新以积极的姿态融入当今的城市环境。此外，本书中使用的“复原”一词，仅指通过物理上的修复，恢复现存的破损历史建筑物的价值。

图 1-1 丸之内“伦敦一角”（1900 年代） 照片提供：三菱地所

图 1-2 丸之内“纽约一角”（1920 年代） 照片提供：三菱地所

地震后的抗震诊断为契机，建筑的重建接连不断。在战后 60 年经历了如此显著变化的东京都心区域，假如要问“历史建筑还有留存吗”，答案会是 YES。即使限定为战前的建筑，仍还有所留存，假如把建成 50 年以上的战后建筑也算在内，留存数量应该会大幅增多。

城市中的建筑，历经了时代变迁而持续留存，它在个性、给予人信赖感等各个方面都与城市价值的提升密切相关。

我们以明治时期诞生的近代办公街区——有着 120 年以上历史的国际商贸中心丸之内（东京都千代田区：大手町 · 丸之内 · 有乐町地区）为例，回溯街区诞生以后，历史继承是如何在城市的持续更新之中进行的（图 1-3）。

**东京丸之内开发与继承的历史**　1889 年（明治二十二年），岩崎家从政府处接受转让的土地，通过其创办的三菱开始了对办公街区的开发。

江户时代的丸之内，被称为“大名小路”的上等宅邸林立的武家地区与由城镇居民区发展而成的旧市街隔着外护城河相望。从外护城河的锻冶桥，到内护城河的马场先门约 300 米的道路（现为马场先大道）是连接旧市街的重要通路。面对这条道路，1894 年（明治二十七年）7 月东京府厅舍（现东京国际会议中心）竣工，在其斜前方，三菱一号馆于 1894 年 12 月竣工，丸之内办公街区的建设由此展开。

1900 年代，被称为“伦敦一角”的马场先大道两侧红砖办公建筑林立。随后，以 1914 年（大正三年）东京站（东京中央停车场）的竣工为契机，开发重点放在了站前区美式大型办公建筑的建设上（图 1-4，图 1-5）。

在丸之内，虽然有一部分建筑在关东大地震和第二次世界大战的空袭中受损，但大多数还是经受住了考验。在 1960 年代的经济快速发展时期中，街区迎来了最初的重建高潮。当时，街区被统合为 100 米x100 米的基准单元，面貌一新，大型办公建筑林立，建筑檐口高度 [2] 被统一至上限 31 米，以创生期砖结构建筑为代表的第一世代建筑就此消失。之后，随着容积制 [3] 的引入，绝对高度限制被废除，随着建筑重建与更新的逐步展开，建筑高度也在不断升高。

2　面向街道的建筑墙面的高度。在坡屋顶建筑中，为屋顶下，立柱连接梁架处上端的高度；平屋顶则为墙的上端（女儿墙顶部）的高度。

3　1970 年，《城市规划法》修订，废除了由高度限制建筑规模的法律，引入了“容积制”这个总建筑面积与基地面积之比的限制方式。

图 1-3 丸之内仲大道（1967 年） 照片提供：三菱地所

1990年代，在经济繁荣的背景之下，活用各种开发制度，大容积高层化的建筑建设逐步展开。其间诞生了2个广受瞩目的划时代的开发实例，均含有历史继承的内容：其一为面向日比谷大道的旧东京银行集会所（1916年，设计：松井贵太郎“横河公务所”[4]），它在1993年（平成五年）被改建为东京银行协会大厦（设计：三菱地所设计）。

旧东京银行集会所为3层砖结构的坡屋顶建筑，在其重建时，日本建筑学会等组织提出了保存[5]的要求。由于项目基地狭小（维持旧建筑基地不变），因此未能实现保存与新建的两全。最终，设计以外装的历史继承为目标——利用古材，几乎完全正确地再现[6]了日比谷大道一侧包含塔楼在内的外装，而南侧的外装，则考虑街道的历史景观，选择了继承旧外装意象的方式。同时，建筑内部也保存并再利用了部分旧内装材料。

这个实例虽然不算是对原初建筑的保存，但是利用古材再现外装，实现了对历史景观的继承。无奈基地狭小，相对于得以再现的老建筑外墙，背后塔楼的后退较小，而且由于老建筑为坡屋顶而非平屋顶，因此可以看到在设计上新旧的调和相当吃力。在开发手法方面，使用了综合设计制度[7]，但并未得到容积率[8]的放宽[9]，仅得到了临地斜线的放宽[10]（图1-6）。

另一个实例，同样是面对内护城河边的日比谷大道，第一生命馆（1938年，设计：渡边仁，松本与作）及其相邻的产业联盟中央金库事务所（1933年，设计：渡边仁）的一体化街区的重建项目。

在1995年（平成七年）竣工的DN塔楼21（设计：清水建设，凯文·洛奇）中，面向日比谷大道的相当于旧第一生命馆街区一半范围的躯体[11]及外装得以保

4 横河民辅（1865—1945年）于1903年开设设计事务所（现 横河建筑设计事务所），是日本钢结构建筑的先驱，活跃于明治末期至大正时期。

5 维持、保全原物。

6 使用新材料，忠实承袭形态制作已经不存在或损毁的建筑或建筑的局部。

7 因确保了公开空地（基地内的开放空间）或保存了历史建筑等贡献，在建筑基准法上作为特例，允许在容积率、形态限制等方面得以放宽的制度。

8 总建筑面积相对于基地面积的比例。在城市规划中，根据各用途地域加以规定。

9 根据综合设计制度或特定街区制度等，对于为城市环境改善作出贡献的项目，对其空地、历史建筑的保存等方面加以评估，在一定的框架中对指定容积率加以放宽，也会表达为容积的增溢。

10 建筑基准法所规定的，由临地边界线所产生的对建筑形态的限制。各地域及地区各有不同。

11 指建筑的结构体。砖结构中为砖砌墙体，钢筋混凝土结构为柱·梁·墙，钢结构为铁骨柱·钢梁等。

※昭和17年の丸の内略図

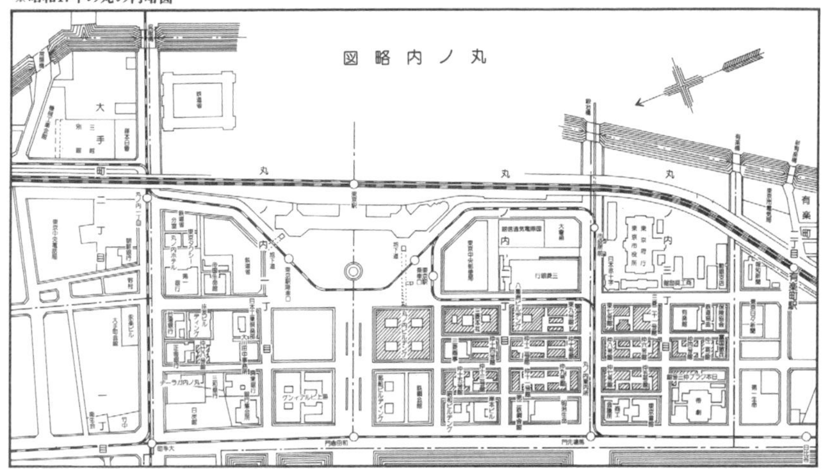


图 1-4 1942 年的丸之内略图 图纸提供：三菱地所

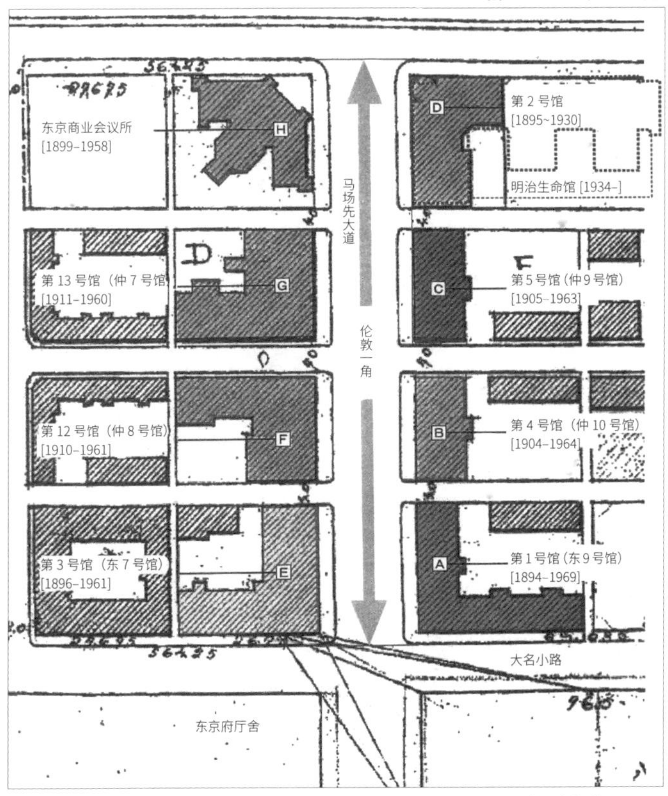


图 1-5 “伦敦一角”地图：1914 年前后的马场先大道

存，在内部，麦克阿瑟纪念室[12]等部分被保存，其他则被改修。此外，在剩余一半街区中的旧第一生命馆的北侧外墙被保存，面向仲大道建起了塔楼（图 1-7）。

此项目设计的独特之处在于，面向南侧道路的旧产业联盟中央金库事务所的外装古材中，再利用的部分（柱脚、柱头等）被配置于仲大道一侧，但并非原来的位置。在开发手法方面，采用了特定街区[13]的方式，通过公开空地和建筑保存的贡献，获得容积率的放宽。这个实例，为丸之内最初带有历史建筑保存的开发实例，使用了部分保存（躯体 · 外装 · 部分内装）、外墙保存、外墙再现 3 种手法。

以上述 2 个先例为契机，在丸之内地区，对有历史建筑存在的街区进行再开发时，历史继承的课题被人们所认识。大手町野村大厦（设计：大成建设）是旧日清生命馆（1932 年，设计：佐藤功一）在 1994 年（平成六年）的重建项目，外观上谋求了历史的继承。同样由于基地的制约，保存建筑较为困难，因而从景观继承的观点出发，对部分外装材料加以再利用，实现了对老建筑外装的部分再现及其意象的继承。在设计手法上，虽然与东京银行协会大厦相同，但由于老建筑为平屋顶石材贴面外装，所以新旧设计的不协调感较少。在开发手法方面，使用了综合设计制度，通过公开空地及历史继承的贡献，获得了容积率的放宽（图 1-8）。

**丸之内再构筑中的历史继承**　进入平成时期，丸之内的建筑迎来了第二次重建，其开端是东京站前的丸大厦（1923 年，设计：樱井小太郎“丸之内建筑所”）。丸大厦是典型的丸之内第二世代美式大型办公建筑，也是东京站前地区历史景观构成上的重要建筑，阪神淡路大地震后，由于抗震性问题而被重建。新的丸之内大厦（2002 年，设计：三菱地所）继承了 31 米（100 尺）的檐口高度以及圆角立面的意象，玄关处的外装三连拱券在建筑内加以再现。自此，伴随历史继承的开发相继进行（图 1-9）：实现了日本工业俱乐部会馆（1920 年，设计：松井贵太郎“横河工务所”，国家登录文化财产）保存及再现的日本工业俱乐部会馆 · 三菱信托银行总店大厦（2003 年，设计：三菱地所设计），整体保存

12　太平洋战争后（1945 年），该建筑被接管，并用于联合国军总司令部（GHQ）厅舍，1952 年返还，作为麦克阿瑟的办公室。

13　《城市规划法》所规定的地域地区的一种。为实现良好的街区整备（因无法保存原物而加以改变），会放宽容积率和形态限制等，多被活用于历史建筑保存的项目中。

图 1-6 东京银行协会大厦（1993 年竣工）

图 1-7 DN 塔楼 21（1995 年竣工）

图 1-8 大手町野村大厦（1994 年竣工）

了明治生命馆（1943 年，设计：冈田信一郎，国家指定文化财产）的开发项目丸之内 MY PLAZA（2004 年，设计：三菱地所设计），完全再现了旧三菱一号馆（1894 年，设计：Josiah Conder[14]“三菱合资公司丸之内建筑所”）的复合开发项目三菱一号馆 · 丸之内 PARK 大厦（2009 年，设计：三菱地所设计），部分保存了旧东京中央邮政局（1931 年，设计：吉田铁郎[15]“通信省经理局营缮科”）的复合开发项目 JP 大厦（2013 年，设计：三菱地所设计），以及东京站丸之内站厅（1919 年，设计：辰野金吾[16]，国家指定文化财产）的整体保存 · 复原[17]（2012 年，设计：JR 东日本设计）项目。

明治生命馆，作为明治时期以来学习西欧成果具象化的古典样式建筑之集大成者，在昭和时期的建筑中最早成为国家指定文化财产。联合临接地块，使整块街区规模的再开发成为可能，同时通过背后塔楼的建设，可实现土地的高效利用以及明治生命馆的整体保存（图 1-10，图 1-11）。

关东大地震后建设的明治生命馆在抗震方面没有问题，此次设计只对整体外装及内部的重要区域进行保存修复[18]，其余则加以改修，实施必要的处理后保证其继续使用。在塔楼中，高层部分配置办公空间，低层部分配置商业设施，站在作为公开空地的中庭之中，人们可以眺望明治生命馆，由此成为一种开放性的复合型设施。同时期完成的日本桥三井本馆（1929 年，设计：Trowbridge & Livingston[19]，国家指定文化财产）也同样以三井本馆 · 日本桥三井塔楼（2005 年，设计：日本设计，西萨 · 佩里及其合伙人事务所）的形式进行了街区整体的开发，实现了整体保存与街区高效利用的并存。

14 Josiah Conder（1852—1920 年），英国建筑家，作为受聘外国人于 1877 年来日。他历任工学部大学造家科（现 东京大学工学部建筑学科）教师及工部省营缮局顾问后，1890 年作为三菱的顾问参与丸之内近代办公街区的建设。有弟子丸之内建筑所主任技师曾祢达藏。现存作品有尼古拉堂、三井家俱乐部、岩崎久弥宅（现 都岩崎宅庭院）、岩崎弥之助高轮别墅（现开东阁）等。

15 吉田铁郎（1894—1956 年），1919 年东京帝国大学建筑学科毕业后，进入通信部作为营缮科的技师，设计了东京中央邮政局（1931 年）、大阪中央邮政局（1939 年）等作品的建筑家。退出通信部后，为日本大学教授。著有用德语向海外介绍日本建筑的《日本的建筑》。1871 年（明治四年）创业以来，邮政事业本着与地域的共存共荣为基本精神，支援公众的日常生活，为公众提供着切身的服务。

16 辰野金吾（1854—1919 年），接受 Josiah Conder 指导的工部大学校造家科第一届毕业生。

17 使用与原初相同的材料与做法，通过物理上的修复，恢复现存的破损历史建筑物的价值。

18 整修原物的破损部位，使之恢复到原初的良好状态。

19 当时活跃于美国的设计事务所，有梅隆银行、摩根银行等作品。

图 1-9　丸之内大厦 旧建筑玄关部分的再现（2002 年竣工）

图 1-10 保存了明治生命馆（1934 年）的丸之内 MY PLAZA（2004 年）

图 1-11 面对通廊（中庭）的明治生命馆

在东京站丸之内站厅项目中，引入了更偏向于保存的新的城市规划制度[20]，使得保存复原计划得以实施。这项制度为特例容积率适用地区制度[21]。在基地几乎被历史建筑占据的情况下，整体保存会导致基地的有效利用受限。为了缓和上述限制，通过这项制度，可以将基地中未利用的容积率转移，活用至邻近的其他基地上，这在欧美已经制度化并活用于历史建筑的保存之中，在日本则是在大手町 · 丸之内 · 有乐町地区初次应用（图 1-12，图 1-13）。

这项制度，仅在容积转出方及转入方同时取得建筑认可或城市规划认可的情况下适用。东京站丸之内站厅项目，虽然也曾研讨过在基地内全面重建的方案，但最终通过上述制度的容积转移，实现了建筑的保存，而未使用的容积，转移到了这项制度适用区域的其他三处基地，容积的买卖所得充当了保存修复 · 复原的部分费用。在结构方面，通过免震措施确保了建筑的抗震性，使在第二次世界大战时失去的三层穹隆屋顶得以复原。在建筑内部，复原了以穹隆顶为代表的各个部位，并活用为酒店、美术馆等功能。关于日本工业俱乐部会馆、三菱一号馆、东京中央邮政局，会在本书第 3 章加以详细说明。

如上文所述，就丸之内之所见，能了解到随时代的发展，历史继承的呼声逐渐高涨，鼓励保存制度逐步完善，相关项目实例也在逐年增加。在东京丸之内以外的其他都心区域以及其他城市中，有多种多样的伴随着历史继承的开发实例，从中可见同样的现象。在历史继承中，并未将历史建筑严格作为文化财产保存，虽然可能会有人质疑这种做法的正当性，但不可否认，在城市再生之中，这的确是能够实现历史继承的一种可能的方式。

20 基于《城市规划法》的各项制度。《城市规划法》是以实现城市的健全发展和有序整备为目的，于 1968 年制定的用于确定城市规划相关制度的法律。

21 在城市规划的指定区域内，允许建筑基地指定容积率的一部分在多个建筑基地间转移的制度。2002 年在“大手町 · 丸之内 · 有乐町特例容积率适用区域”首次应用。

图 1-12 保存复原工程前的东京站丸之内站厅（1997 年）

图 1-13 保存复原工程后的东京站丸之内站厅（2013 年）

## 1.2 历史建筑的价值与其中的课题

**历史建筑范围的扩大及价值继承的多样化**　关于城市中的文化遗产——历史建筑的保存及活用的问题，从明治时期以后的高速经济成长期，近代建筑逐渐消失的 1970 年代开始，逐步被人们所认识。1980 年代后期，由行政部门主导的将历史建筑定位为景观构成重要因素的各项制度逐步完善，在民间进行的再开发中，以历史景观的继承为主要目的的保存变得可行。一方面，在再开发中考虑保存的项目实例逐步增多，另一方面，形式多样的价值继承手法开始展现。进入 2000 年以后，关于保存与开发 · 活用并行方式的讨论愈发深化。

作为价值继承对象的历史建筑，除了明治时期以后的古典主义样式建筑，近年又追加了以理性思潮为基础的现代主义建筑[22]。随时代的变迁，建筑规模大型化，结构形式及使用材料的种类也有拓展，因此有必要立足于与原来的样式建筑不同的视点对建筑进行价值评价。

城市中的历史建筑，大多是靠重视收益性的实业来维持，因此由于其功能的不完善或基地无法有效活用，建筑正在极速消失。1996 年，针对那些尚未当选为国家指定文化财产，但是应作为文化遗产加以保护的建筑，行政部门制定文化财产登录制度，并借此展开相关整理工作。进而在 2006 年施行的景观法中，行政团体可在景观地区内选定景观重要建筑（根据行政部门的不同，名称略有不同）。对于历史建筑来说，上述动向在允许以继续使用为目的的改修同时，意在将建筑作为景观财产加以保护。当今城市中部分历史建筑物被选定为登录文化财产或景观重要建筑物，借此彰显其历史价值，但未当选的那些建筑物的价值则可能无法被其所有者所认识。

2007 年，日本建筑学会总结的《建筑的评价与保存活用方针》中，为推进历史建筑的保存及其价值认识，将建筑物的价值总结为 5 项基本指标（历史的价值，文化 · 艺术的价值，技术的价值，景观 · 环境的价值，社会的价值），但是并未对价值判断的研讨程序及以价值判断为前提的保存方法做阐释。

22　也称“近代主义建筑”，一种否定用 19 世纪以前的建筑样式整合外立面的设计手法，强调对建筑功能性及其合理性的表达。

换言之，关于广泛存在的需要保护的历史建筑，所有者应在正确认识其历史价值的基础上，展开保存与否以及价值继承手法的研讨；但是，适用于历史建筑物多样化价值定位的研讨方法，至今尚未确立。

**建筑价值的继承与功能提高 · 有效利用的并存**　为了同时实现城市中历史建筑的保存及活用，建筑的历史继承以及安全性 · 功能性 · 舒适性（现代性能）的确保必须同步开展；此外，在土地条件优越的商业地区，还必须同时满足高效利用土地的要求。为了维持并延续历史建筑的价值，除了修整所需的建设成本，还有运营成本，而对于建筑所有者来说，必须在计算上述经济负担的同时，实现事业收益。换言之，为了推进城市中历史建筑的保存，必须消解保存与开发的二元对立，比“保存性活用”更近一步，基于重视活用的“活用性保存”或“活用性开发”等概念，接纳与纪念建筑（确认纪念的用法）做法不同的多样化的价值继承手法。

多样的价值继承手法可根据保存范围进行分类（图 1-14）。当然，全面保存最为理想，但是根据各项目中“活用性保存”及“活用性开发”的主客观因素，无法实施全面保存时，也会有部分保存或意象保存的情况。基于 Authenticity（真纯性）的价值存在于原始建筑之中这个观点，从全面保存到部分保存，上述分类对建筑的原始部位仍有留存，但在意象保存中，原始部位则并无保留。在活用的计划之中，由于建筑的破损、安全性的确保，或功能更新等理由，出现无法进行保存的情况时，也可以考虑借由某些方法加以再现。此外，关于意象保存，从忠实再现原状到依据文字记载模仿意象，存在着种类广泛的做法（图 1-15）。

然而，在无法进行保存而采用再现手法时，未对建筑的价值或保存的可能性进行充分研讨就将建筑拆除，之后在新建躯体上模仿原来的外观，贴附“简易表皮”的这种做法，从 Authenticity 的观点来看，会被指出存在问题。

因此，为了实现建筑的价值继承与功能提高 · 有效利用的两全，在选择价值继承手法时，必须按程序进行充分的研究，而对于“再现”——不可避免被使用的价值继承手法之一，尤其要展开慎重的探讨。

**鼓励价值继承的城市规划制度**　在对收益有要求的实业中，保存并维持历史建筑，除了最初基本建设成本，还有将来持续维持的运营成本。若建筑是指定文

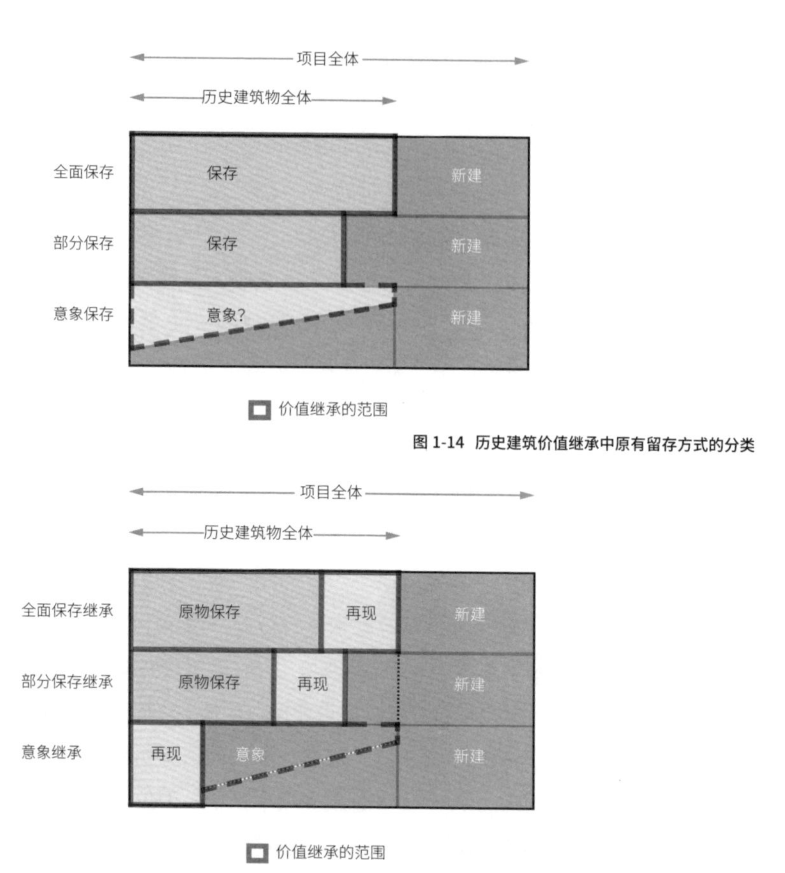


**图 1-14 历史建筑价值继承中原有留存方式的分类**



**图 1-15 在分类中的“再现”相关方式**

化财产，针对上述经济负担，会有调查设计费 · 工程费的补助，以及税制的优惠等鼓励措施，但是对于登录文化财产或景观财产，则没有工程费等优惠。因此，在对收益要求高的商业类地区进行历史建筑保存时，需要有能够带来收益的建筑面积的优惠，或建筑形态限制的放宽等城市规划上的鼓励措施，这在当今已成为促进建筑保存的强大的推动力。

上述通过城市规划制度鼓励历史建筑保存的概念，在美国有先例。美国地方自治体指定的地标建筑物被定位为地区保存对象，若违反相关规定，会被严厉处罚，同时也有相关优惠措施以鼓励更具效果的保存手法，这在市街地区的开发之中，很有效地促进了历史建筑物的保存。1968 年制定的纽约市地标建筑保存法与区域划分等城市规划制度联动，构建出的相关制度的组织构架是其中的代表。评估开发者在保存方面作出的贡献，根据一定的标准，在容积率及用途等方面放宽限制，除了上述指标及区域划分上的优惠，还允许将保存对象所在基地的容积中未利用的部分转移至近邻的土地上使用，这项开发权的转移手法（Transferable Development Rights，TDR）在历史建筑的保存因高涨的不动产开发需求而变得极其困难的情况下被使用。

在日本不动产开发需求较高的都心商业地区，从 1980 年代后期开始，相应制度逐步完善。以东京为例，特定街区制度在 1985 年进行了运用标准的修订，在保存历史建筑的情况下，可以获得容积率的优惠。和美国相同，保存低层的历史建筑，获得容积增溢的优惠，继而用于背后高层塔楼的建设，这个再开发方式最早被用于东京丸之内的 DN 塔楼（1995 年），实现了对日本生命馆的保存。随后，相继完成了对登录文化财产日本工业俱乐部会馆的部分保存，及其背后的三菱 UFJ 信托银行总部大厦的再开发（2003 年），对 1999 年追加为“重要文化财产型”的三井本馆的整体保存及其背后三井塔楼的再开发（2005 年），以及对明治生命馆的整体保存及其背后的明治安田生命总部大厦的再开发（2005 年）。更进一步，丸之内 · 大手町 · 有乐町地区，在 2002 年被指定为相当于纽约 TDR 的“特定容积率适用地区制度”的施行区域，从而实现了东京站丸之内站厅的保存以及未利用容积率向周边地区的转移。

如上文所述，即使在不动产的开发需求愈发高涨的都心商业地区，通过文化财产 · 景观财产制度与城市规划制度的配合，也可以实现历史建筑的保存；但是，日本还没有像美国那样已经确立综合审查保存与开发的机制，开发者必须与文化财产 · 城市规划等各行政部门分别交涉，也可以看到为了梳理流程，开发者委托由专家构成的外部委员会进行客观研讨的情况。换言之，在再开发中，为了活用历史建筑并继承其价值，与各项制度相关的有效价值继承设计手法的方法论仍未确立。

**构筑再开发手法的方法论的必要性**　在上述背景之下，对于城市中的历史建筑，以活用及开发为前提，为了推进以保存为中心的建筑物的价值继承，作为当事人的开发者 · 建筑所有者以及设计者，必须在限定的时间内通过合适的研讨流程求得平衡继承与开发的最优解。

关于纪念性建筑物（指定文化财产）的保存·活用研讨流程，原则上首先要确认建筑的历史价值之所在，在此基础上确立尽可能保护 Authenticity 的保存修理方针，其次研讨不折损价值的活用计划。以公共建筑为对象的《公共建筑的保存·活用方针》（建筑保全中心，2002）基本是遵循上述原则制定的（图 1-16）。当对象为民间所有的历史建筑物而非纪念性建筑时，历史价值的继承必须以建筑性能的提升及土地的高效利用等实业收益为前提。因此，要在“以保存为目的的修理”与“以活用为目的的设计”的相互平衡中，在考虑实业收益性中寻求最优解并实施项目管理。现今，与历史建筑的活用及价值继承相关的经营管理专业尚未确立，进行相关研讨并向业主提案的角色由设计者扮演。因此，整理可以辅助设计师工作的相关研讨流程已是当务之急。

在重视收益的实业中，历史建筑价值继承方法的完善能够帮助设计师以积极的方式应对可能会出现的有损建筑保存的诸多课题。进一步而言，若对象为城市中的历史建筑，为了活用及开发，有必要采取多种多样的价值继承手法，而这也为抽取建筑的多样价值并展开积极的评估提供了机会。此外，当采用“再现”这个价值继承手法时，应对类似“简易的复制”这样的质疑，也能够出具历史继承价值的相关调查内容，并明确研讨的过程。

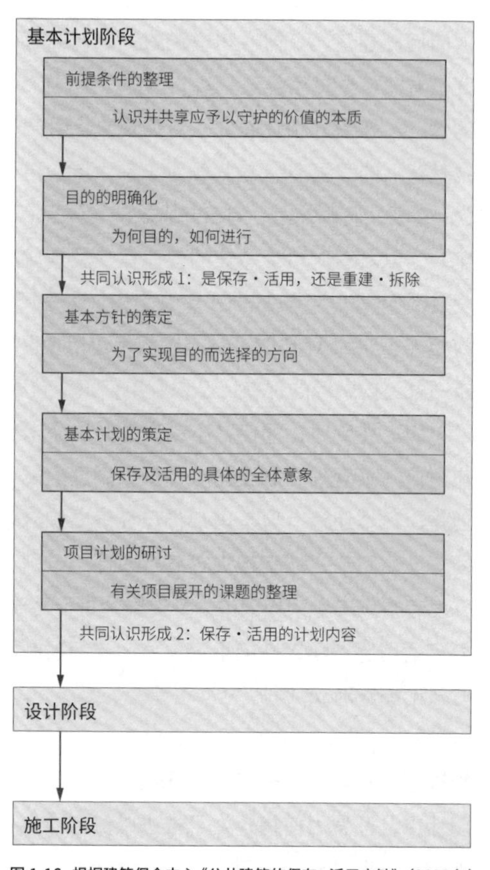


**图 1-16 根据建筑保全中心《公共建筑的保存·活用方针》（2002 年）制作的研讨流程图**

# 2

# 历史建筑的评价与历史继承手法的研讨

# 2.1 在基本计划阶段的历史继承研讨流程

本章将介绍再开发中有关历史建筑继承的具体推进方法。虽说是“推进方法”，但并不是业已确立的方法论，而是依据我在多个项目中的经验所总结的内容（图 2-1），读者可以将其作为一种参考。推进方式根据各项目的具体情况而有所不同，实际上，我所参与的项目也是如此逐步向前推进的。

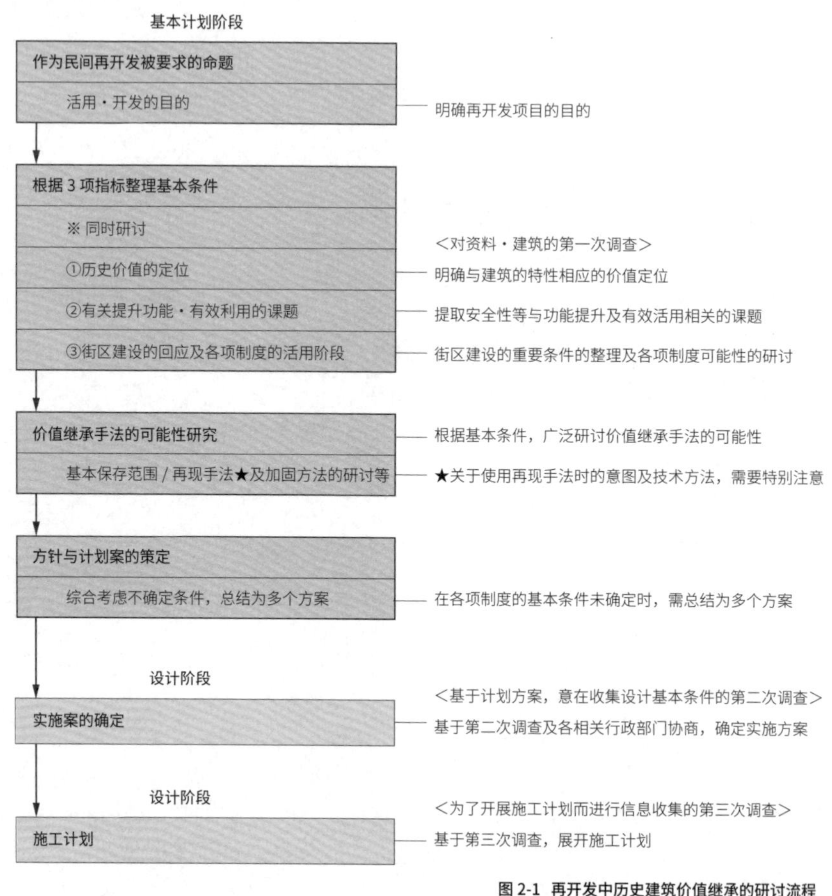


**图 2-1 再开发中历史建筑价值继承的研讨流程**

首先介绍最初基本计划阶段的研讨流程（以制定方针为目标）：

（1）第一次调查（为了制定方针的调查）；

（2）历史价值的定位；

（3）与功能提高 · 有效活用相关的课题；

（4）街区创建的对应及各项制度的活用；

（5）历史继承手法的可行性研究；

（6）历史继承方针及计划方案的制定。

流程（1）～（6）所需要的时间根据建筑的规模会有不同，但通常和基本计划同时进行，一般需要约 3 个月至半年时间，若要召开由学者和经验人士组成的研讨会，则要再加上其准备及实施的时间。历史继承方针确定后，即可遵照其内容着手展开设计。根据需要，会进行第二次调查，以收集更为详细的数据。若第二次调查涉及建筑的部分拆除，那么其日程则不仅局限于设计阶段，也会跨越到施工阶段，因此需考虑工期会比通常的工程有所延长。在项目初期，有必要对建筑业主说明上述内容，以确保必要的日程及费用。在第 3 章的实例中，有对日程的记载，可以做参考。

按这个流程推导历史继承手法，站在客观的立场展开分析及评价非常重要，其关键之处在于“（5）历史继承手法的可行性研究”。它密切关联着项目整体的概念及设计，对设计者的技术能力及提案能力均有要求。

## 2.2 在界定历史价值的基础上明确其所在

**收集、分析图纸文献等史料**　讲一讲流程中的第一步。首先，在着手展开建筑调查之前，有必要收集、分析关于建筑及设计者的史料。从入门的建筑介绍到建筑及设计者的相关文献，以及当时的建筑杂志、学术论文等，逐项收集相关信息。

其次，收集图纸及做法说明书。若是著名的建筑，在当时的建筑杂志上会有登载，杂志可能会收藏于建筑业主或管理者、设计者、施工者那里，其中著名的作品还可能会在图书馆、学会以及相关学者那里找到。是否能找到图纸类资料，对于能否确认建筑原初的状况非常重要，因此需要细心搜寻。有时，资料被放置在仓库深处不为人知的地方，所以即使向建筑所有者或管理者询问后获得“没有”的回答，也不能简单放弃，并且要有不麻烦他人，自己深入仓库探索的觉悟（图 2-2）。

随后，对收集的史料展开分析，其目的在于明确建筑原初的样貌及后期的变迁。虽然为古图纸，但也不能贸然断定这就代表了竣工时的样貌，要将图纸的日期与照片做比照，并参考文献中登载的日期，同时注意古图纸的绘制时期，才能判断它是设计阶段还是竣工时的资料。

此外，不仅通过图纸，假如有做法说明书或报价书，也能够借以判断建筑所使用的材料、设备等信息。设计意图、评价技术等在明确设计思想方面非常重要，若其中包含建筑业主给出的设计条件等内容，则更能够明确当时的经过。此外，通过对竣工后履历等相关史料的分析，整理后期的变化及其根据，将有助于对需要详细调查的建筑部位进行定位。

综上所述，（流程的第一步）就是要明确建筑原初的实际情况和后期的变化履历、建筑的建设经过，以及设计者的设计思想，并以此为基础，展开对建筑历史价值的定位。

**根据建筑调查确认历史价值与课题之所在**　　进入建筑调查阶段，目的有两个：第一，把握在流程（2）中定位的建筑历史价值在现状中的留存情况和建筑的损伤状况，比如价值被定位在竣工时期的情况下，就要对原初部位的维持状况（损伤状况）加以把握。第二，提取流程（3）所设定的建筑课题，尤其在建筑躯体方面。根据建筑结构形式（钢结构、钢筋混凝土结构、砖结构、木结构等），课题各有不同，这是判断能否实施保存的重要试金石，要尽量收集能够帮助评估的信息。进一步，对照现行的建筑基准法[23]及消防法，寻找不合规的事项。

23　规定了建筑物的基地 · 设备 · 结构 · 用途等最低基准的法律，代替市街地建筑物法（1919 年制定），于 1950 年制定。

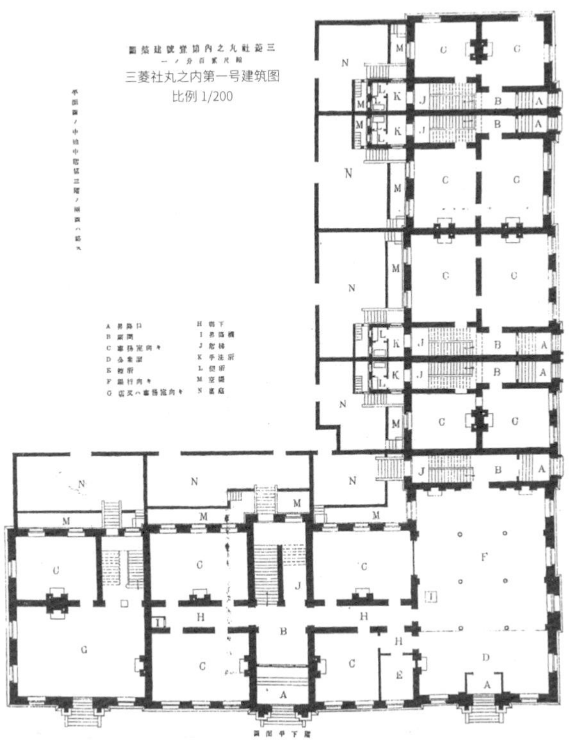


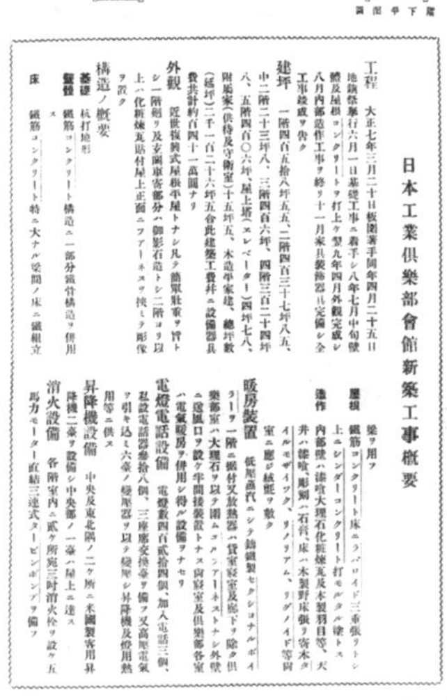

日本工業倶樂部會館新築工事概要

工程　大正七年三月二十日板園著手同年四月二十五日地鎮祭舉行六月一日基礎工事ニ着手シ八年七月中旬軀體及屋根コンクリートヲ打上ケ翌九年四月外觀完成シ八月内部造作工事ヲ終リ十一月家具裝飾器具完備シ全工事竣成ヲ告ク

建坪　一階四百五拾八坪五五、二階四百三十七坪八五、中二階二十三坪八、三階四百六坪、四階三百二十四坪八、五階四百〇六坪、屋上塔（エレベーター）四坪七八、附屬家（供待及守衛室）十五坪五、木造平家建、總坪數（延坪）二千一百二十六坪五合此建築工費幷ニ設備器具費共計約百四十一萬圓ナリ

外觀　近世復興式屋根平屋トナシ凡テ簡單壯重ヲ旨トシ一階廻リ及玄關車寄部分ハ御影石造トシ二階ヨリ以上ハ化粧煉瓦貼付屋上正面ニファーネスヲ挾ミテ彫像ヲ置ク

構造ノ概要

基礎　杭打地形

軀體　鐵筋コンクリート構造ニ一部分鐵骨構造ヲ併用ス

床　鐵筋コンクリート特ニ大ナル梁間ノ床ニ鐵組立梁ヲ用フ

屋根　鐵筋コンクリート床ニラバロイド三重張リトシ上ニシンダーコンクリート打モルタル塗トス

造作　内部壁ハ漆喰大理石化粧煉瓦及木製羽目等、天井ハ漆喰、彫刻ハ石膏、床ハ木製野床張リ寄木タイルモザイツク、リノリアム、リグノイド等尚室ニ應ジ絨氈ヲ敷ク

暖房裝置　低壓蒸汽ニシテ鑄鐵製セクショナルボイラーヲ一階ニ据付又放熱器ハ貸室寢室及廊下ヲ除ク倶樂部室ハ大理石ヲ以テ圍ムコトンアーネストナシ外壁ニ送風口ヲ設ケ半間接裝置トナス尚寢室及倶樂部各室ハ電氣暖房ヲ併用シ得ル設備ヲナセリ

電燈電話設備　電燈數四百貳拾四個、加入電話三個、私設電話器參拾八個、三座席交換臺ヲ備フ又高壓電氣ヲ引キ込ミ六臺ノ變壓器ヲ以テ變壓シ昇降機及燈用熱用等ニ供ス

昇降機設備　中央及東北隅ノ二ケ所ニ米國製客用昇降機二臺ヲ設備シ中央部ノ一臺ハ屋上ニ達ス

消火設備　各階室内ニ貳ケ所宛三吋消火栓ヲ設ケ五馬力モーター直結三連式タービンポンプヲ備フ

图 2-2（上）原初图 · 设计阶段的图纸史料例子（旧三菱一号馆）　1892 年 9 月《建筑杂志 69 号》
（右下）原初的照片史料 · 日本工业俱乐部会馆《竣工纪念照片》　照片提供：日本工业俱乐部
（左下）原初的建筑概要 · 做法例子（日本工业俱乐部会馆）　1921 年 2 月《建筑杂志 412 号》

**总结历史继承的意义**　第一次调查完成后，就要总结并定位建筑的历史价值。如第 1 章所述，建筑的历史价值多种多样，大体分类如下：在建筑史、技术史、社会史等方面的文化财产价值，作为构成历史景观的重要建筑物景观财产价值，其他方面的价值。

所谓“建筑史上的价值”，是指体现建筑所处时代的样式的价值，以及作为著名建筑家的作品价值等。所谓“技术史上的价值”，是指体现当今已不再使用的当时的建筑技术价值。所谓“社会史上的价值”，是指作为近现代史上的重要事件的舞台，或作为纪念性建筑的价值。

日本建筑学会及日本建筑家协会等团体会对相关建筑提出保存要求书的情况，其中会陈述关于历史价值的见解。对于建筑历史价值的定位，这些团体的意见非常重要，可以其内容为基础加以整理。像这样，在第一次调查的分析结果之上，将历史继承的意义加以总结。

## 2.3 明确功能提升 · 有效利用的相关课题

关于建筑保存，有“冻结保存”这个做法，即除了修复以外，尽可能不加干预，为了维持原样，不将其作为建筑设施使用。此外，还有“动态保存”这个做法，即以活用为前提，容许设备的附加及最低限度的改变，将对象作为建筑设施继续使用。在城市更新中的建筑保存，基本全部都应属于“动态保存”的范畴。在“冻结保存”中，因为不再实际使用，所以有必要克服的课题较少，而在“动态保存”中，解决相关的一系列课题则成为必须。为了继承已被定位的历史价值，在流程（3）中将提取总结所需面对的课题，并探讨相应的解决方法。

**结构安全性的课题与对应方法**　在结构安全性方面，躯体劣化的改善及抗震性的确保是关键。因为这是左右建筑能否保存的关键内容，所以应邀请结构专家，客观且慎重地展开分析、研讨。

在这里，以现存近代建筑中数量最多的钢筋混凝土结构为例。躯体劣化的调查内容包括开裂等损伤状态和中性化[24]程度的调查，同时还应研讨针对损伤的修补范围及相关工程内容。

在已经发生中性化的情况下，要根据中性化深度，清楚辨别其所处阶段，研讨、决定必要的应对措施是目前暂可搁置，是需要采取措施以延缓其继续发展，还是应立即采取再碱化[25]处理。相关的解答将极大影响工程的造价与工期，因此必须寻找出切实可行的答案。

关于抗震性，应实施抗震检测（一次，二次）以把握Is值[26]。当抗震性不足时，需根据必要的抗震性能要求，研讨相应的加固方法。由于加固方法与历史价值的继承及经济性密切相关，所以要尽可能解答好如何选择维持建筑价值的加固方法以及造价·工期会如何等问题，这与流程（4）、（5）密切相关。

**火灾安全性的课题与对应方法**　所谓“火灾安全性”，是指防火与避难的安全。旧建筑不符合现行法规的情况并不少见。建设时符合当时的建筑基准法等法令，但后期因法令修订而变得不符合规定的建筑被称为“既存不适格建筑物”[27]。它并不是违法建筑；但是，当研究该建筑的活用时，作为建筑管理者，有责任确保在一定程度上的建筑安全性。因此，即使是“既存不适格”建筑，也应该在可能的范围内确保它的火灾安全性。

由于开发中大规模的改建及增建，有必要在进行建筑确认申请[28]时，除了可以适用建筑基准法第三条的情况以外，都要溯及现行的法令。在这里需要注意的是，建筑基准法第三条虽然将文化财产排除在法令的适用范围以外，但这里的“文化财产”是指“指定文化财产”，不包括“登录文化财产”。关于消防法，就活用来说，根据其用途，原则上也需要溯及现行法令。

24　钢筋混凝土结构的一种劣化形式。混凝土的主要成分水泥为碱性，具有防止钢材（钢筋或钢骨等）氧化的性质，但外部二氧化碳的侵入会导致水泥中性化，从而使钢材的耐腐蚀性降低。

25　恢复中性化混凝土的碱性，以再生钢筋混凝土结构体的一种电化学方法。

26　Is值（Seismic index of structure）为结构的抗震指标。Is值 > 0.6，在地震中倒毁的危险性低；Is值为0.3～0.6，有在地震中倒毁的危险；Is值 < 0.3，在地震中倒毁的危险性高。

27　建筑基准法中有关于如下特例的规定：在法律及施行令实施的时间点，已经存在的建筑物，即使存在不合规的部分，也不将其归为违法建筑。

28　建筑物准备兴建之时，建筑计划在工程着手前必须接受审查，以确认其是否符合建筑基准法。申请者为建筑业主，实施确认者为建筑业主事等机构。

将历史建筑与现行法律相比照，较容易发生的“既存不适格”的项目包括内外装材料的不燃·难燃、楼梯的尺寸、防火分区、排烟、消防设备等。维持并保全建筑的历史价值是基础，确保活用时安全性也是原则性刚需。因此，“既存不适格”的内容需要向建筑业主或建筑所有者作出充分说明，在此基础上决定对应措施。

**无障碍的课题与对应方法**　在历史建筑物中，高差大、没有升降机（电梯，自动扶梯）的情况并不少见；为了防止外部水流的侵入而在出入口前设楼梯是过去的惯常做法；在有地下室的建筑物中，出于地下室采光及通风要求而设置窗户，致使一层地板高出外部地面 1 米以上的情况也有存在。上述情况常出现在玄关等建筑的重要空间周边，这在无障碍化应对方面是非常头疼的问题。既要设置有效的坡道或升降梯，同时又不破坏建筑的历史价值，往往很难找到简单的解决方法，这要求设计者要在充分理解建筑历史价值的前提下找出最优解。

**设备老化的课题对应**　为了历史建筑的持续使用，现代设备（电气、空调、卫生）的引入是必须的。从长远看，整体运行成本的削减很重要，同时也要将环境负担的削减考虑在内。通过“动态保存”的方式活用历史建筑时，虽然不可避免要整修老化的设备或引入新的设备，但这都应该在尽可能尊重历史价值的前提下进行。

## 2.4 街区设计的对应方式及诸项制度活用的可能性

仅从经济合理性来看，想要继续使用历史建筑，在初期投资和运营成本方面都有问题。因此，在开展相关研讨时，必须明确历史继承的意义及优势，借此尽力缓解相关问题。

**如何活用历史建筑，如何为街区创建作出贡献**　活用与继承的关系问题，是个先有鸡还是先有蛋的问题。决定如何活用后，活用方法也就成为改造历史建筑的原始要因；但也有在决定历史继承手法后，再考虑活用用途的情况。不论怎样，活用这个做法都或多或少要对建筑加以改造，所以关于活用的用途，需要有充分的理由。比如说历史建筑必须与新建筑相连，或是要更换基础，或是想要利用上部空间，再或是必须使它符合现行法规，等等。对上述做法的缘由和项目整体条件之间关系，都要做细致的梳理。

假如能够顺利整合历史继承计划，且项目的事业利益也能够成立，在开发中实现历史继承的道路就能打通。对历史建筑的保存，在修复工程中需花费初期建设成本，同时持续运营也要花费运营成本。最好的情况，是能够顺利找到激活历史建筑的活用方式，通过其收入平衡上述花费，但在现实中这相当困难。尤其在追求土地高效利用的基地中，对商业利益的期待很高，历史建筑的保存更加举步维艰。历史建筑的所有者要对建筑的历史价值以及继承价值的社会意义有所认识，并应为此付出努力；但在商业利益方面，他们即使有心胸可以承受一定的负担，也是有限度的。商业利益的形势判断，是左右历史继承能否顺利实施的决定性因素，为了实现目标，必须找寻可以突围的手段，比如与相关支援制度的对接。

**对历史价值的维持保全加以支援的制度**　活用相关鼓励制度，是为了弥补维持保全历史建筑在经济方面的负担。相关制度包括文化财产制度中的辅助金及税金减免，城市规划制度中的容积放宽、容积转移、形态限制放宽等。

在文化财产制度中，基于文化财产保护法，在国家 · 都道府县 · 市町村等各层级均鼓励历史建筑的保护。“指定文化财产”作为“日本历史建筑物中的时代典范”受到高度评价，能够获得减税、调查 · 设计费用及保存修复工程费的补助等优惠。“登录文化财产”是 1996 年（平成八年）文化财产保护法修订以来施行的制度，其目的是对现存文化财产加以梳理，若当选为“经历约 50 年且状态维持良好的历史建筑”，则能够获得减税以及调查 · 设计费用的补助。此外，在 2004 年（平成十六年）施行的景观法的体系下，也有对历史建筑的选定。在东京都，还对历史建筑作为景观财产的价值进行评价，并甄选为“东京都选定历史建筑”。

在城市规划制度中，对历史建筑进行评估后，为了减轻继续维持所带来的负担，可以在容积率及形态限制上获得优惠，在该基地内无法充分使用容积的情况下，可以将未利用的容积转移至邻接或相隔的土地中加以活用。关于容积率及形态限制的放宽，在明确整体开发必要条件的基础上，有城市规划中所确定的特定街区、城市更新特别地区、再开发等促进区、地区规划等类型；在建筑基准法的范畴内，还有能够经评估后获得相关优惠的综合设计制度。详细内容根据不同的行政部门或制度各有区别，因此需要仔细分析、辨别其中的有效内容（图 2-3）。

## 2.5 历史继承手法的可行性研讨

在明确了价值与课题后，就可以推导出历史继承的方针，但是正如前文所述，为了持续使用建筑，必须求解“价值的继承”与“课题的解决”两个向度之间的平衡。为此，要以历史价值的定位及所在为基本，遵守“尽可能保存原物”的大原则，制定若干融合课题解决方法的方案，并在考虑商业利益的同时对方案加以评价，而这正是最重要的环节。

作为设计者，能够提出怎样的方案，不仅取决于他的分析能力，还取决于他的思想及创造力。没有合理的提案，建筑业主便无从选择。这是一项历史专家及行政部门都无法胜任的、只能交给设计者的工作。

设计中或许会遇到“总体赞成，细节反对”的情况，一旦涉及具体内容，评价就会出现分歧；但对此，设计者绝不能有畏难情绪。作为设计者，必须充满自信地作出提案，也因此必须尊重并比任何人都要了解眼前的历史建筑。作为设计者，一定要有“最优解来自透彻的了解”这种自信。

关于应研讨的方案，并没有固定的类型。根据各项目的条件不同，应该研讨的方案也自然有所不同。

图 2-3 （左）活用特定街区制度的保存 · 开发实例（日本桥钻石大厦，东京都中央区）
（右）活用特定街区制度的保存 · 开发实例（三井本馆 · 日本桥三井塔楼，东京都中央区）

## 2.6 历史继承方针与设计方案的策划

基于所有研讨结果，策划历史继承的方针。历史继承的方针大致可整理为以下各项（历史继承方针的策划项目）：

（1）用语的选择；

（2）时点；

（3）位置；

（4）范围；

（5）保存修复、复原的观点（结构躯体，外装，内装）；

（6）整备的观点。

**用语的选择** 即以文化财产修复中的用语为基础，同时兼顾历史建筑的种类与特殊性，来选择重要的用语。项目不同，对用语的选择也应有差异。

（例）

保存：维持、保全原物。

修复：整修原物的破损部位，使之恢复到原初的良好状态。

复原：使用与原初相同的材料与做法，通过物理上的修复，恢复现存的破损历史建筑物的价值。

再现：使用新材料，忠实承袭形态制作已经不存在或损毁的建筑或建筑的局部。

整备：无法保存原物而加以改变。

需要注意的是，以上并非严格成体系的学术界用词，是根据实际工程的具体特点，为便于相关各方面沟通而定义的词汇，因此项目不同，同一用词的定义也会有微妙差别。

同时，必须有如下的意识：历史价值之所在终归在于原物，要尽可能保存原物（Integrity），修复及复原要有所依据并尽可能忠实。特别是，“复原”与“再现”的不同要加以注意，小心使用。

**时点**　基于本章 2.2 节对历史价值的定位，指明建筑的价值存在于哪个时间点。比如价值被定位为著名建筑家的作品，则其竣工时即为价值所在的时点，而当价值被定位在经改修用途变化后的状态上时，改修工程完成的时点即为价值所在的时点。

虽然基本上来说，价值存在于建筑竣工的时候，但也有观点认为持续改修并长时间使用的状态之中也蕴含着重要价值，如果拘泥于复原为原初状态，而失去了难得积累下来的“岁月的斑驳痕迹”，历史建筑的魅力则有可能减半。换言之，要考虑到事物的千差万别，具体问题具体分析，要在与眼前的历史建筑对话的过程中进行判断。

时点的设定成为话题，东京站丸之内站厅保存复原的例子我仍记忆犹新。东京站丸之内站厅是 1914 年（大正三年）由建筑家辰野金吾设计的，在竣工约 30 年后的太平洋战争的空袭中，屋顶被烧毁。战争结束后不久，在物资供给仍不足的时期，该建筑进行了复建，穹隆屋顶被改建为庑殿屋顶[29]，同时去除了三层的部分。这个状态持续了约 60 年。在现代保存修复中，辰野金吾把 1914 年建筑最初的状态定位为价值所在的时点，穹隆及三层部分按最初样貌进行复原；但是，出现了如下质疑：这种复原方式，难道不会导致战争记忆的消失吗？因此，一方面，作为研讨建筑历史继承的出发点之一，对“传达哪个时间点的历史”的设定，十分重要，必须在充分探讨的基础上作出判断。另一方面，假如对建筑历史价值的设定不够简单易懂，也会很难传达。复原传达了最初时间点的价值，但同时也可能会丢失沿用至今的价值。这个矛盾是文化财产修复中永远的主题，不仅需要学术上的判断，建筑业主及设计者的“想法”也十分重要。以被定位的价值所在时点为原则，同时也要“尽可能留存原物的魅力”（图 2-4，图 2-5）。

**位置**　历史建筑在传达建筑历史的同时也传达着场所的历史。在城市更新中，历史建筑对于原址[30]的继承十分重要。

第二次世界大战后，在城市再开发活动高涨的时期，有两处历史建筑虽然面对着要求保存的声音，但仍被拆除了：一处是坐落于东京日比谷的旧帝国酒

29　坡屋顶的形式之一，由四片屋面构成。与之相对，由 2 片屋面构成的坡屋顶形状称为“硬山顶”。

30　针对历史建筑的整体或部位的用语，指建筑在价值所在时点的位置。

图 2-4 保存复原工程前的东京站丸之内站厅（2004 年）

图 2-5 保存复原工程后的东京站丸之内站厅（2014 年）

店（1923 年，设计：弗兰克 · 劳埃德 · 赖特[31]），另一处是坐落于东京丸之内的旧三菱一号馆（1894年，设计：Josiah Conder “三菱合资公司丸之内建筑所”）。

旧帝国酒店作为接待国宾的重要酒店，要求有功能的更新，因此决定重建；但其历史价值不言自明。1968 年（昭和四十三年）建筑被拆除，建筑正面的一部分被移筑到了明治村（除了得以采集的饰面材料被保存，其他材料为再现）。

旧三菱一号馆由于已到达办公楼功能使用的极限，同时由于地基下沉造成的基础问题，最终被拆除。旧三菱一号馆是建筑家 Josiah Conder 的代表作品之一，是表达了丸之内地区创生历史的重要的明治时期建筑。虽然当时在保存的呼声中，也做了原址保存或移筑的研讨，但终未实现。正因为旧三菱一号馆是象征了城市历史发展的重要建筑，所以当时才会被指出应该原址保存的吧。

将历史建筑留存在原址，难点不仅在于抗震性及功能更新的需求，城市规划有时也会成为重大难关。当在城市规划中涉及道路拓宽问题时，建设在旧市街区块上的历史建筑会出现与新的城市规划道路或地区规划的墙面后退线相冲突的情况。虽然希望城市规划能够对历史建筑存在于原址的价值足够重视，但由于城市防灾及交通基础建设的要求，在不得不拓宽道路的情况下，除非历史建筑被选定为文化财产，否则与原址保存相比，更多的情况是以城市规划优先。此时，或许不得不拆除建筑的一部分，但也可以考虑移位或移筑，而这将会是大型工程。在尊重原址保存的同时，当遇到无论如何都不得不移动的情况时，要充分考虑建筑与场所的关系及其在城市景观上的意义，以此为基础进行位置设定（图 2-6，图 2-7）。

**范围**　遵照历史价值的定位，决定建筑的继承范围。一方面，建筑的保存及价值的传达原则上需要保持其价值所在范围的整体性。对于后期有增筑的建筑，当将价值定位于最初状态时，要通过史料及建筑物调查明确最初的范围。另一方面，由于历史建筑带有的课题或整体建设项目条件限制，也会出现无法全部继承的情况，而这些取决于本章 2.5 节历史继承方案研讨的成果。

在决定建筑物中的继承范围时，要确定躯体、外装、内装中价值依然存续的范围。比如为了保存建筑物而要对基础实施免震处理时，就不会将基础归于

31　弗兰克 · 劳埃德 · 赖特（1867—1959 年），美国建筑家，与勒 · 柯布西耶、密斯 · 凡德罗并称为“近代建筑三大巨匠”。在日本有以帝国酒店（1923 年）为代表的若干作品。

图 2-6 被拆除前的旧三菱一号馆（1968 年）

图 2-7 移筑复原至明治村的帝国酒店的一部分

上述范围之中。再比如为了在近旁增筑并连接新建筑，也可以考虑将部分外装排除在继承范围之外。在内装方面，状态维持良好，作为建筑的内部空间相对重要的部分，可归于保存对象，其他部分则可以根据活用要求进行整备。

判断外装的整体性是否得到了保存，有时可以参照登录文化财产的标准。在对登录文化财产作改变时，建筑物外观远景整体三分之一以内的改变不用向相关部门呈报。或者说，改变在三分之一以内时，依然可以继续作为登录文化财产存在。

位于东京霞关的旧文部省（1933 年，设计：大藏省营缮管财局）原为“口”字形平面，在街区的再开发中（2007 年，设计：久米设计，大成建设，新日本制铁），其面向道路的部分被保存，而背面则被拆除。从道路上远观的大致范围得以保存，因而旧建筑的一部分仍被定为登录文化财产。

银座的旧交询社大厦（1929 年，设计：横河工务所）同样在街区的再开发中研讨了建筑的保存范围，最终，在新的交询大厦（2004 年，设计：清水建设，大卫 · 奇普菲尔德建筑师事务所）中，玄关的部分外墙得以保存。银座地区的建筑在高度上被限制，名为“银座规则”的地区规划目的是形成整齐的中层高度的建筑街区风貌，所以在原则上，无法实现建筑的高层化。为了同时实现基地的高效利用及历史建筑的保存，虽然多数情况下有必要建设高层的新建筑，但在此项目中，由于严格的形态限制而无法实施，因此通过留存旧建筑的部分有特点的外墙以达成历史继承（图 2-8，图 2-9）。

**保存修复、复原的观点**　确定破损的保存部位的修复方针。“修复”这个行为，需要对原物加以操作，其原则是保护“Authenticity”。因此，要明确原来的依据，不能改变原来的材料、形状、工法及位置。然而，一旦深入具体研讨阶段，就会遇到各种问题，比如很难得到和当时相同的材料，或无法按当时的方法制作，等等。遇到这些情况，就需要使用替代的材料或工法，此时重点放在如何选择“替代”，对此必须依据明确的方针。

关于将对象复原，并回溯至价值所在的时间点，也有同样的要求。保存修复、复原的概念，大略可以分为躯体、外装、内装、其他这几个方面，下面仅就前三个主要部分进行阐释。

图 2-9 保存了旧交询社大厦部分外墙的交询大厦

图 2-8 部分保存了旧文部省的合同厅舍 7 号馆的街区开发

● 躯体

躯体的修复主要针对的是破损及劣化。以钢筋混凝土结构为例，有缺损及裂缝的修补、中性化的再碱化等。关于提高抗震性的方法，会在后述整备的观点项目中阐述。

改动躯体时，会遇到不得不取下安装在躯体上的外装材料或内装材料的情况，从外装或内装历史继承的角度来看，这种做法并不理想；但是，为了恢复躯体原本的健全性也别无他法，而“动态保存”正是带来这种矛盾的原因。因此，为了在继续使用建筑的同时，尽可能向后世传达其价值，在明确项目整体概念的前提下，应该优先保护什么，确定这个方针至关重要。当躯体的整修必须优于内外装材料的保护时，对其理由要有充分的说明。

● 外装

要明确各部位的历史价值之所在，调查相关部位的破损状况，研讨修复方法。下面列举几个例子。

石材基本上是很难劣化的材料，多数情况下能够原封不动地保存下来。通过建筑及史料调查查明石材种类，把握其表面处理方法。遇到由于躯体修复或抗震补强的原因需要暂且取下石材的情况，要对其安装方法加以研究。对于有下落危险性的大范围破损或龟裂、缺口或镶嵌空缺，要在不损害表面处理的前提下，制定清洗及修补的方针。如果损伤程度较大，无法继续使用的，则不得不考虑更换新的材料。若能找到新的同种石材还好，当同种石材无法得到时，则只能使用替代品。由于没有与原来的材料完全相同的替代品，因此相对于原来的材料，优先以什么要素进行匹配就非常重要。要针对石材的种类（花岗岩，安山岩，凝灰岩等）、颜色或质感，决定替代品的选择方针。

瓷砖是附着在躯体上的材料，取下后再还原的工序非常费事，且可能会导致破损，成品率不高。因此，实施修补时，要尽可能选择不用取下的方法。然而，遇到从外墙到躯体都发生龟裂而导致严重漏水的情况，就不得不暴露出躯体后再进行修补。此外，如果瓷砖剥离掉落现象严重，必须改善安装方法以确保其安全性时，作为次善之策，可以考虑将瓷砖暂且取下，再重新稳固安装，或者更换为新的材料。

早稻田大学大隈讲堂（1927 年，设计：佐藤功一，佐藤武夫，早稻田大学营缮科，国家指定文化财产）就遇到了外装瓷砖剥离落下的问题，最终大部分瓷砖被更新。当时，对瓷砖的组成、产地、颜色、质感等做了精心研究，从而达成了忠实的再现。同时，为了避免再出现剥离下落的问题，对瓷砖的安装方法做了变更。然而，无论瓷砖如何逼真地烧制，假若不与原物并置，也无从表明其忠实性。大隈讲堂屋檐下不易受雨水侵袭以及瓷砖落下危险性较低的阳台外墙上，留存了原始的瓷砖。在石材方面，虽然风化严重，但依然原样保存了在功能上没有问题的部位（图 2-10，图 2-11）。

如上所述，尽可能留存古材，并使新材继承古材的气韵，从而传达整体外装的历史价值。以上仅是大隈讲堂的情况，根据材料的价值以及建筑的课题，选择的方式也会有所不同，仅就瓷砖保存修复来说，也有多种答案。因此，在外装保存方面，没有普适性的确定的方法，一方面，借鉴先例很重要，另一方面也不能被先例所束缚，要寻找最适合眼前的历史建筑的方法。

其他的外装材料还包括：人造石、门窗、玻璃、金属构件等，为了有理有据地保护 Authenticity，同样要就各个部位确定形状、材料、工法、位置等的基本保存修复方针。下面以外门窗为例说明。

近代建筑的外门窗，原初的木制或钢制在后期被更换为铝制的情况较多，这是造成腐蚀及漏雨现象的源头，所以经常会以功能为优先而实施改修。虽然不加修整、原封不动地使用铝制门窗也算合理，但为了更好地传达历史价值，也可以考虑将门窗复原为原初的形态。

在选择后者的情况下，假如最初的设计图或制作图有留存的还好，若没有留存，就只能参考当时的照片、同时代的或同一设计者的其他建筑案例进行复原。门窗的材料、形状、开关方式、颜色是复原的重点，也会遇到无法完全按当时的状况复原（或不能够复原）的为难情况。因为后期的改修说明原初在功能上存在问题，所以在复原中也必须同时解决原本功能上的问题。换言之，在理论上复原的同时，为了解决功能问题，还必须加以改变。

以门窗上的玻璃来举例。老玻璃为人工吹制圆筒法制作，如今使用这个工法制作玻璃已经相当困难；由于周围高层楼宇的建设等原因，考虑到耐风压等因素，玻璃必须加厚；考虑到抗震性，则必须改变使用油泥的玻璃固定方法。再加上建筑设施活用的要求，还可能会需要增强玻璃的隔音性能及气密性能。当原物还有留存时，以尽可能保存原物为优先，可以考虑在内侧附加一层新的门窗来解决功能上的问题，而当原物已不存在需要复原时，在复原的同时考虑

图 2-10 保存了原初瓷砖的阳台部分

图 2-11 忠实再现了瓷砖的修复后的大隈讲堂

功能的增强则更为现实。

在这里也同样要回到历史价值的定位点，为了传达怎样的价值而复原，为了达成怎样的功能而整备，需要清晰分析，制定好应对方针。

● 内装

与外装相比，内装在后期的变化更大，原因多种多样——躯体修补、抗震补强、火灾安全性的要求、无障碍化的要求、因活用而引入新的设备等，保存修复与整备同时存在。在制定应对方针时，要把重点放在历史价值的优先部位。明确区域及材料的大方针，同时考虑具体的整备做法，并以此对各个房间进行归类整理。

**整备的观点**　如前所述，"整备"一词的定义为"无法保存原物而作出改变"，下面对不得不加以整备的对象及理由进行说明。持续使用建筑的"动态保存"，就不可避免地需要整备。由于法规、安全性、无障碍化、因活用而引入设备等原因，只要建筑被使用，就会有上述要求；但是，如果因整备损害了历史价值，则是本末倒置。

以因活用而引入设备的情况举例。历史建筑不像现代建筑那样依赖空调，而是利用自然力实现采光、通风；但是，现今时代对建筑环境质量的要求与当初完全不同，为了活用建筑，就不可避免要引入现代的设备，其中最令人头疼的是空调设备。

现代的空调设备利用吊顶内空间回转管道安设机器，但历史建筑的吊顶内并没有如此富裕的空间，即使能够隐藏电线，也很难遮挡住空调管道。在新建建筑之中，为了确保吊顶内的空间，可以在设计上将部分吊顶下降，但在历史建筑的内装设计中，吊顶的作用相当重要，不能草率更改。

具体来说，对于需保留内装的房间，要决定优先顺序，将重要房间的整备控制在最小程度。为了使安装的新设备不过于刺眼，既可以采用改变内装形状的方法，也可以考虑不改变原始内装而将新的设备暴露在外的做法。两种方法的共通点在于尽可能地保护原物，即当不得不做变更的时候，要考虑"可逆性"（将来能够还原），因为如果历史继承的信息无法有效存留，保护就失去了意义。整备，不只是理论，而应重视其信息传达的创造性行为，这考验着设计者的价值观及品位。

在这里介绍一例。坐落于上野公园的国际儿童图书馆（2000 年，设计：安藤忠雄建筑研究所，日建设计）是对旧帝国图书馆建筑（1906 年，设计：久留正道）的动态保存。为了确保其抗震性，建筑采用了免震结构，同时最大限度地保存了内外装，此外，根据需要又增加了对应无障碍要求的电梯、符合现行法规的避难楼梯、咖啡厅等新的功能设施。在设计中，建筑的正面维持原状，背面则附加了容纳新功能的玻璃盒子。这样，在整洁、优雅的庭院中，历史建筑的外墙透过附加的玻璃幕墙[32]得以呈现。与历史建筑相对比，附加的部分采用了现代材料，设计简洁，观者能够清楚地理解哪里是附加的部分（图 2-12，图 2-13）。

**抗震性的确保**　一直以来，日本的建筑在同地震及火灾等灾害的对抗中发展。经历 1891 年（明治二十四年）的浓尾地震后，近代建筑出现了抗震砖结构；经历 1923 年（大正十二年）的关东大地震后，抗震及耐火性能优越的钢筋混凝土结构成为主流；在第二次世界大战后的复兴中，建筑的阻燃化进一步向前推进。因此，老建筑反映了其所处时代在抗震性及火灾安全性方面的设计思想。

更进一步，由于阪神淡路大地震的教训，若要保存并在今后持续使用建筑，在抗震性方面会有更高的要求。因此，关于历史建筑，不仅要尊重其建筑设计方面的历史价值，也要在尊重当时关于抗震设计思想的同时，选择合适的抗震补强方法。

在需要增强抗震性的时候，怎样的方法是有效的呢？大体上可以分为两种方式：一是在建筑内外的重要位置附加抗震墙、拉索等新的抗震要素以提高建筑抗震性能，二是通过免震结构减轻作用于建筑上的地震力[33]，从而将建筑内部的补强控制在最小限度。依据建筑结构的特性及历史价值，并根据有价值的躯体 · 外装 · 内装的损伤程度及经济性，提出程度不同的多种抗震方案。

**火灾安全性的确保**　钢筋混凝土建筑大多可以符合耐火 · 防火的规定，但比较令人头疼的是楼梯部分。在很多历史建筑中，楼梯都是展示性的内部空间，而

32　Curtain wall，为不承担建筑荷载的非结构墙体。随着钢结构高层建筑的进步，外墙与结构体相分离，设计自由度提高，大型窗洞开口得以实现。玻璃幕墙为全面玻璃 + 窗框的幕墙形式。

33　也称为“地震荷载”，指地震致使建筑摇动时产生的惯性力，作为外力用于结构计算。

图 2-12　保存了旧帝国图书馆的国际儿童图书馆：附加的玻璃外装

图 2-13　保存了旧帝国图书馆的国际儿童图书馆：玻璃外装内部

多数情况下，楼梯与走廊是连成一体，没有形成现行建筑基准法所要求的竖井分区[34]。

竖井分区的规定被引入建筑基准法是在 1967 年（昭和四十二年），所以在这之前的建筑中基本没有竖井分区，而为应对这个状况，必须在楼梯间与走廊之间设置卷帘及防火门。设计要尽一切可能在不伤害原初内装的同时，找出能够传达空间历史价值的最合适的方法；然而，一旦加以分区，通常会出现楼梯休息平台不成立等空间设计严重受损的情况。

作为解决方法，可以选择通过防灾性能评价，获得大臣认定[35]，从而在楼梯间的竖井分区要求方面得到放宽。这样虽说可以保住楼梯这个展示性空间，但必须采用不燃性内装，并且走廊周边的门窗必须变更为防火门窗。这样做会带来其他一些负面影响，诸如造价上升、工期延长等。不仅是历史建筑，增建的新区域同样需要取得大臣认定，所以必须进行综合判断。

**无障碍化的对应**　为了继续使用建筑，应对无障碍化需求是必然的。关于这一点，同样没有与历史上的建筑设计完美协调的所谓“通用手法”，依然必须具体问题具体分析。在这里，确保不损伤原物的可逆性以及简单易懂地传达建筑历史价值这两方面的平衡非常重要。无障碍化的要求不仅考验着设计者的品位，也考验着建设方的姿态。

34　建筑基准法规定的防火分区的一种。在楼梯、通高、电梯井等跨越多层的空间中，有害烟尘及火灾的热量会由失火层向上层蔓延，所以，要求 3 层以上的竖井空间与周围空间之间要设置防火分隔。

35　日本国土交通大臣对经过精密检验的建筑或材料等加以认定的制度。

## 2.7 面向设计与工程

**坚守与灵活的双面要求**　这是按照历史继承的方针着手设计的阶段。设计所必需的尺寸及细部做法等信息是必须对建筑进行详细调查后才能获得的，但对使用中的建筑进行上述调查，有时会比较困难，而且一旦遇到吊顶、地面被替换过的情况，只有将后期施工的部分拆除后，才能把握原初的状态。

在设计阶段，以史料及第一次调查为依据推进工作，同时，为了获取必要的数据，要将第二次调查的计划及日程安排在准备工作中，而第二次调查中获得的信息必须反映在设计之中。缔结工程合约以后，基于第二次调查所做的变更，可能会成为追加变更工程，这个情况需要事先向建筑业主说明。由于新的发现而导致依据出现变化，这在保存工程之中是没有办法的事，要带着“一切为了历史价值的传达”这个强烈的信念，坚定且灵活地应对状况的变化。

具体的设计及施工的内容，根据历史建筑及继承方法各有不同，涉及多个工种的各个方面，无法一概而论。

在第 3 章将列举 4 个实例，均是在东京都心区的城市更新项目中实现对建筑历史价值继承的例子，都是在历史建筑中并设办公、商业等功能的复合性开发，历史继承的手法也多种多样。其中，日本工业俱乐部会馆是保存了有历史价值的部分，并与金融类总部大厦相复合的实例。三菱一号馆是忠实再现消失了的历史建筑，活用为美术馆，并同商业设施及大型办公楼宇复合的实例。东京中央邮政局是保存了大型历史建筑的一部分，并与商业设施及办公楼宇复合的实例。歌舞伎座是在重建之中继承了旧建筑作为剧场的传统，且与办公楼宇复合的实例。

# 实例介绍：
# 历史继承的原委与设计·施工

# 3.1 日本工业俱乐部会馆

（留有关东大地震痕迹的大正建筑的保存）

## 3.1.1 历史建筑与项目概要

**建成不久就经历了关东大地震的建筑**　2000 年，在位于东京站与皇居之间的丸之内商贸中心地区，随着旧丸之内大楼的重建，旧国铁总部大楼街区的再开发等项目展开，东京站前地区的面貌开始发生巨大改变。在其一隅，日本工业俱乐部会馆（后简称“会馆”）与永乐大厦的复合开发计划也启动（图 3-1-1）。

丸之内商务街区的历史始于 1894 年（明治二十七年）建成的三菱一号馆。1900 年代，在马场先大道，砖结构的办公建筑鳞次栉比。1914 年（大正三年），东京站建成后，在站前地区，海上大厦、游船大厦、丸大厦等美式大型办公建筑相继竣工，东京站前地区得名“纽约一角”。

第一次世界大战结束前的 1917 年（大正六年），日本经济由此前以纺织业为主的轻工业大幅转向冶铁·造船等重工业，社团法人日本工业俱乐部开始发迹，根据章程记载，其设立的目的为“巩固工业家的联络，谋求企业的发展”。为了俱乐部活动的开展，确定了会馆的建设项目，并委托建筑家横河民辅带领的横河工务所进行设计。横河民辅曾设计旧三井本馆、旧三越本店、旧帝国剧场等作品，是当时活跃的日本建筑界“第一人”。1920 年（大正九年）11 月，历经 3 年的岁月，众所期待的会馆竣工。

会馆竣工后仅过了 3 年，1923 年（大正十二年）9 月 1 日，关东大地震发生，关东一带大量建筑受损。根据当时的记载，会馆一层的 3 根大柱中部挫断，钢筋暴露，幸运的是没有导致致命的破坏或烧损。随即，横河工务所被委托展开震灾修补的设计，1925 年（大正十四年），工程完成，建筑设施再次对外开放。在自此 20 年后的 1945 年（昭和二十年），会馆经历东京大空袭，虽然未被完全烧毁，但北侧外墙有烧损。虽然建筑历经多重的灾害，但经过修补、设备更新等努力，依然持续承担着作为会员活动场所的功能。

1995 年（平成七年），在阪神淡路地区震度 7 级的大地震中，全国死伤共计约 5 万人，建筑、铁道、道路等受害总额约 10 兆日元。以此为契机，对会馆

图 3-1-1（上）再开发街区中的日本工业俱乐部会馆·永乐大厦　© 三轮晃久摄影研究所
（下）原初竣工时的日本工业俱乐部会馆（1920 年）　照片提供：日本工业俱乐部

进行了抗震分析，结果表明其抗震性能无法满足现行规定，由于建筑及设备的老化，功能方面的欠缺也愈发明显。鉴于此，对建筑进行改建的研讨逐步展开，而会馆与其相邻的永乐大厦（三菱地所持有，金融类总店入驻）形成共同体，可实现街区整体的再开发以及基地的高效利用。从近代建筑史及城市景观的观点来看，会馆作为文化遗产的评价在逐步提高，保存的呼声随之变大。在此背景之下，日本城市规划学会受托开展了关于会馆的研究，内容主要为其在城市规划及建筑上的历史价值定位以及相关课题的调查。学会组织了由学者、行政人员、开发商、设计师等组成的“日本工业俱乐部会馆历史研讨委员会”，从1998年（平成十年）9月开始，进行多次讨论，在次年1月总结完成了报告书。

本项目为日本工业俱乐部（持有俱乐部栋与塔楼栋的一部分）与三菱地所（持有塔楼栋）的共同项目。三菱地所的设计部门（现 三菱地所设计）担当设计，俱乐部栋的施工为清水建设，塔楼栋的施工为大成建设。此外，“日本工业俱乐部会馆历史调查委员会”负责建筑第二次调查的监修以及保存修复的建议指导，文化财产建筑保存技术协会负责技术指导。

## 3.1.2 历史继承的意义

**会馆的历史意义**　为了确定建筑的历史价值，把握相关课题，进行了第一次调查。在史料调查中，收集了可提供有益信息的诸多材料，比如阐述了当时建设经过的建设委员会记录，记述了建筑物做法及设计者意图的文献，地震时的调查记录，最初工程（1920年竣工）及关东大地震后震灾修补工程（1925年竣工）的图纸与照片，等等。在对建筑物的调查中，当时工程的内外装材料、震灾修补工程的补强位置及内外装材料都得到确认。在结构调查中，对建筑进行了第二次抗震诊断以及不均匀沉降[1]的测定。通过此次一系列的调查，辨明了震灾修补工程的详细内容，其中包括随增筑进行的大规模结构补强与内外装改造的实际情况（图3-1-2）。

横河工务所的代表横河民辅在地震后的理事会上，就建筑为何受损进行了说明：由于建筑平面呈“凹”字形，其角部受力导致立柱弯曲，平面形状的缺

1　由于结构支撑力不足、地基不均、偏荷载、基础形式不同等原因，导致基础或构筑物倾斜下沉。

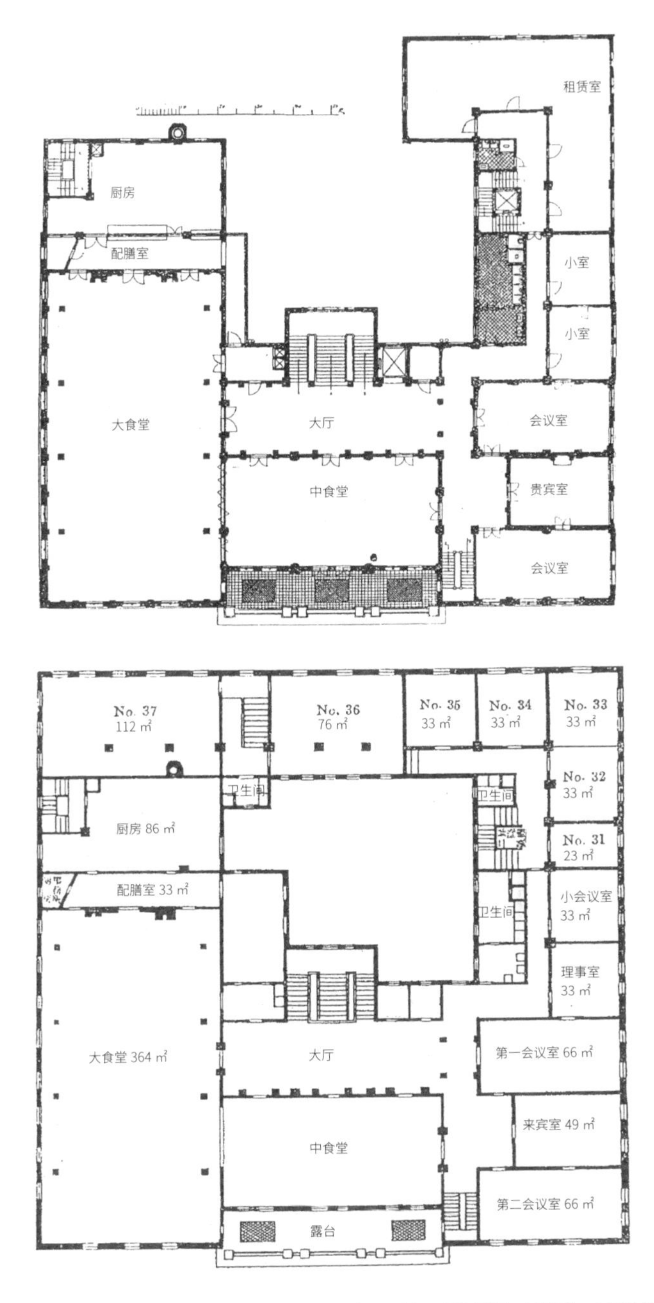


图 3-1-2（上）竣工之初的日本工业俱乐部会馆（1920 年）三层平面图　照片提供：日本工业俱乐部
（下）震灾修补工程后的日本工业俱乐部会馆（1925 年）三层平面图　照片提供：日本工业俱乐部

陷是建筑受损程度较大的原因。于是，震灾修补工程中，对建筑背面进行了增建，形成“口”字形的封闭平面。在提高抗震性的同时，增建部分办公空间的租金也为震灾修补工程提供了必要的建设费用，可谓“一石二鸟”。同时，针对既存建筑物，在震灾修补工程中，也在各处增设了剪力墙，并加强了梁柱。

关于历史价值，以日本建筑学会出具的要求书《关于日本工业俱乐部会馆的见解》为基础，同时根据第一次调查的结果，从建筑史及城市景观的视点进行了总结。进一步，归纳整理了会馆本体的历史意义以及内装、外装的历史价值。以下记述了日本工业俱乐部会馆的历史意义。

- “作为表现大正时期（1912—1926）时代性建筑物的意义”——古典正面玄关形式的 Sezession[2] 化，在此基础上，引入美式高层建筑形式，暴露柱与梁的框架结构——强烈反映出大正时期的时代性。在内装方面，通过精细的材料施以优美的装饰。
- “作为日本工业会象征的意义”——在一流实业家支持下建设的日本工业俱乐部会馆，是日本工业界的象征。屋顶的男女雕像表现了当时重要的两大产业（煤炭与纺织）。
- “作为丸之内地区景观构成象征的意义”——日本工业俱乐部会馆与东京站、东京中央邮政局等历史建筑一起形成了东京站前的景观。

**外装的历史价值与所在**　　关于会馆外装历史价值的归纳与整理。会馆是俱乐部设施及出租办公的合建建筑。通过外立面构成的分析，俱乐部设施的范围位于正面（南侧）与两侧面（东侧，西侧），在各面中，俱乐部的部分均为中轴对称的构成方式，相对于附属要素出租办公，主要素俱乐部设施明显以独立的姿态呈现。景观上的重要视点被定位于东京站前广场、大名小路以及丸之内 1st 大道，作为从以上各处看到的景观，外装的重点被定位在面向丸之内 1st 大道的南侧正面与面向大名小路的东侧侧面。基于以上研讨结果，外装继承重点为南侧正面与东侧侧面，而其中在历史意义上有着明确价值的俱乐部为重中之重（图 3-1-3，图 3-1-4）。

2　Sezession，1890 年代，在德国美术界发起的运动，被译为“分离派”，当时建筑也受其影响。日本工业俱乐部会馆，被称为“近世复兴式”，为了脱离其之前的古典样式而摸索，多用几何学的主题。

图 3-1-3 东侧侧立面图（原初） 照片提供：日本工业俱乐部

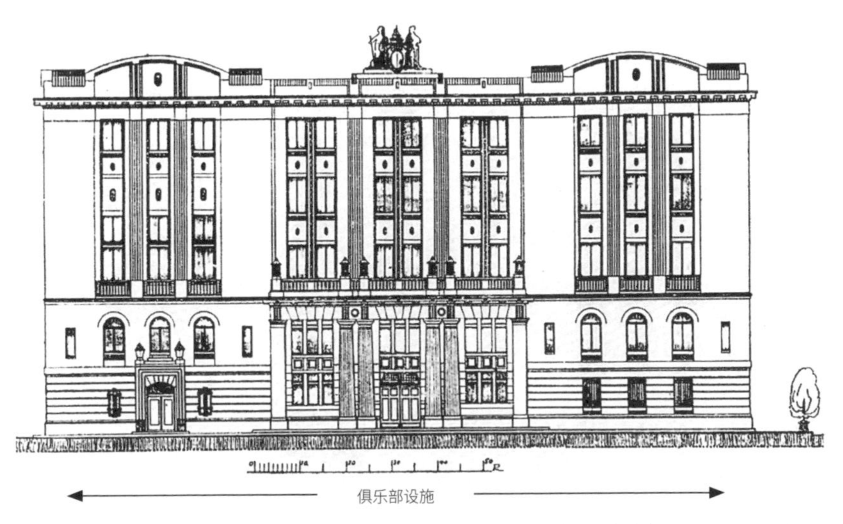


图 3-1-4 南侧正立面图（原初） 照片提供：日本工业俱乐部

会馆的设计在横河民辅之下，由松井贵太郎负责外装，由橘教顺及鹫巢昌负责内装。会馆附近的旧东京银行集会所（现 东京银行协会大楼）同为横河工务所的设计，负责外装设计的同为松井。松井作为喜好几何学构成的 Sezession 样式的建筑家而知名，在丸之内地区负责的两栋建筑均采用了Sezession的式样。在会馆设计中，除采用了 Sezession 式样，还采用了暴露梁柱轴组结构这种美式高层建筑的形式。大正时期，日本建筑家均以摆脱古典样式建筑为目标，因此才会积极采用作为新样式的 Sezession 吧。

**内装的历史价值及所在**　　与美国办公建筑式样厚重的外装设计相比，内装设计更为华丽：一层玄关大厅、各层中央大厅以及将它们连接的大楼梯、二层的大会堂、三层的大食堂等空间，通过使用多种材料施以优美的装饰，体现了大正时期室内设计的特征。根据上述内装历史价值的 3 种重要度，建筑进行了区域划分，由玄关→大阶梯→二层大厅→二层大会堂→三层大厅→三层大食堂这一系列场景形成的体验性的内部空间被定位为最重要的区域1(图3-1-5,图3-1-6)。

虽然区域 1 在关东大地震后的震灾修补工程中进行过调整，但是仍继承了最初的设计构思，而且之后的改动也很少，所以作为俱乐部的主要部分，可以说是会馆所有使用者的共同记忆。区域 2 为区域 1 以外的俱乐部设施的主要房间及周边区域，虽然材料多有变更，但在设计构思及空间品质上均承袭了区域 1 的特点。区域 3 为除了租用办公以外的俱乐部设施的后台功能区（图 3-1-7，图 3-1-8）。

图 3-1-5　二层大会堂（原初）　照片提供：日本工业俱乐部

图 3-1-6　三层大食堂（原初）　照片提供：日本工业俱乐部

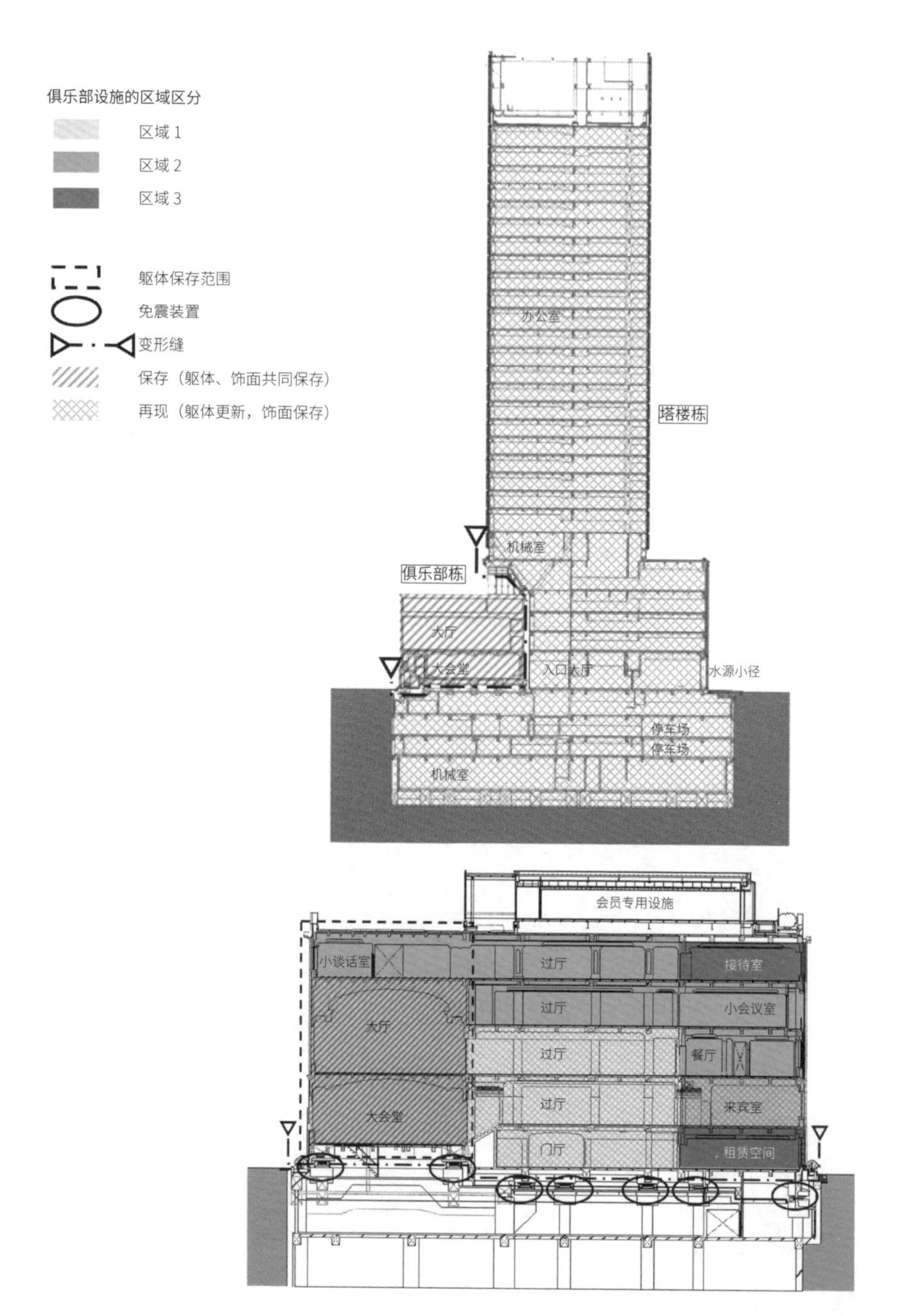


图 3-1-7（上）整体南北剖面图（计划）

（下）俱乐部栋东西剖面图（计划）

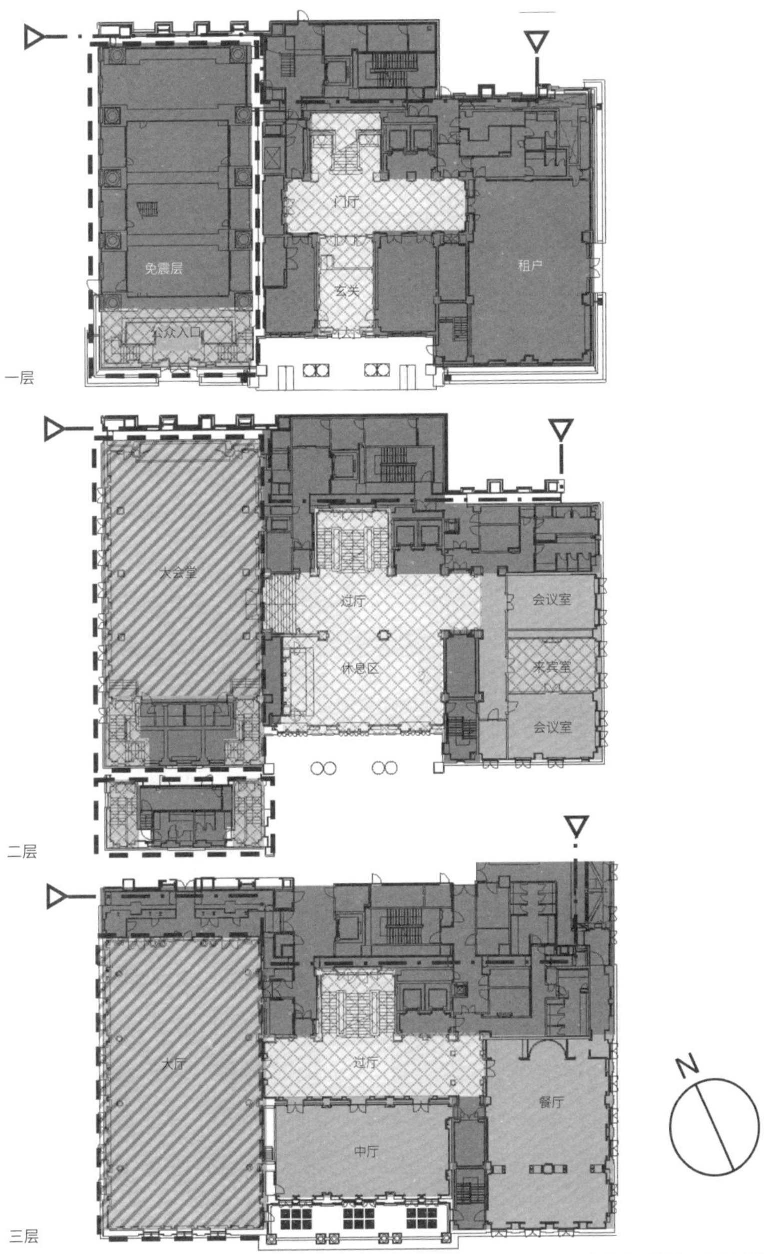


图 3-1-8（上）俱乐部栋一层平面图（计划）

（中）俱乐部栋二层平面图（计划）

（下）俱乐部栋三层平面图（计划）

## 3.1.3 结构·安全性

**结构体安全性的评价**　会馆在关东大地震的受害状况可以根据之后进行的相关调查（《地震预防调查会第百号（丙）下》）予以了解。调查中对以下情况有记录：一层东南角 3 根立柱弯曲，三层楼板出现大的裂缝，外墙窗周边出现多处裂痕。虽然会馆受损较大，波及了结构体，但通过其后的震灾修补工程，弯曲的立柱得到了加固，并在多处设置了剪力墙，对梁柱进行补强（图 3-1-9，图 3-1-10）。

根据 1998 年（平成十年）进行的第二次抗震检测，虽然会馆钢筋混凝土躯体的中性化程度并不严重，但抗震性能仍为关东大地震震灾修补工程后的状态。作为结构抗震指标的各层 Is 值，在 XY 各方向上呈 0.25 ～ 0.45 分布，均低于现行基准的抗震性能数值 Is = 0.6，所以检测结论为“抗震性有疑问”。为了建筑的继续使用，为确保在馆者的安全，必须保证会馆具备现行基准以上的抗震性能，同时考虑到阪神淡路大地震的经验，对其抗震性能的要求更高了。

然而，这一切终归是以会馆躯体的健全为前提，因此有必要对其经历关东大地震受损后修补过的躯体加以进一步检测。检测测定了各层各处的楼板标高，结果发现建筑整体发生了倾斜，南侧比北侧下沉 13 ～ 16 厘米，这应该是由于地基下沉导致的。此外，在关东大地震中弯折立柱的上部楼板也有最大处约 5 厘米的下沉，这是因为当时的技术无法调升弯折立柱以上的部分，因此未能对躯体进行复原。

调查还发现，相对于建筑物向南的倾斜，玄关门廊立柱的下沉较小；会馆仅建筑物整体周圈以及大跨的大会堂 · 大食堂的周圈立柱下部为带状基础，其他部分均为独立基础。由此可以推测，相对于建筑整体的沉降及倾斜，独立基础的下沉量较小。这样会导致独立基础的柱与梁的接合处一直有应力作用，一旦发生龟裂等现象，其作为结构体的设计强度将无法得到保证。

由此，建筑结构的评测可以明确为以下几点：在抗震性上，为了确保安全性，不能维持现状；对关东大地震中损毁的修补不充分；由于存在不均匀沉降的问题，在保存躯体时，有必要采取手段提升楼板，矫正状态不佳的部位，同时进行抗震补强。

图 3-1-9　关东大地震时会馆的受害实况　《地震预防调查会第百号（丙）下》

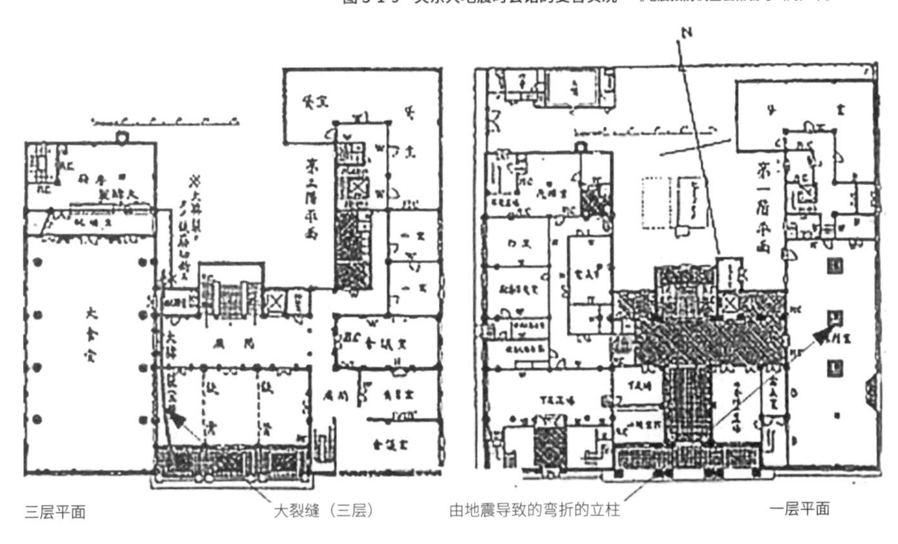


图 3-1-10　关东大地震时会馆的受害记录　《地震预防调查会第百号（丙）下》

**内外装的维持与火灾安全性的评价**　　部分外装上湿贴的陶瓷砖有剥离掉落的危险。虽然在即使掉落也没有危险的地方，可以按过去的方式继续通过检查与修补加以维持，但是除了西侧外墙以外，建筑下部均有人行道，陶瓷砖的掉落有可能带来危险，因此需要充分考虑相应的对策。

在火灾安全性方面，连接一层到五层空间的大楼梯没有形成现行法律所要求的竖井分区。历史建筑中的楼梯不仅起到连接上下层空间的作用，而且在设计方面也多代表了建筑内部空间的重要时代性特点。会馆也不例外，大楼梯有机联系着各层的大厅空间，梯段也直接从各层的大厅空间开始出现。必须通过某种方式解决大楼梯的竖井分区问题，以确保其在火灾时的安全性（图 3-1-11）。

**图 3-1-11　三层大厅 · 大楼梯（原初）** 照片提供：日本工业俱乐部

## 3.1.4 活用与事业性

**原位置上会馆功能的继续与基地的高效利用**　一方面，本项目有多方面的设计诉求：会馆在原位置继续作为俱乐部设施运营，确保外观与安保的独立性，同时根据时代的要求引入新的功能。对于俱乐部设施功能更新，主要要求安全的确保，舒适节能设备的更新，各房间空间及功能的提升，局促的后场空间的扩大，出租办公的扩充（用于在经济上支持会馆的运营），以及保养管理费用的消减。

另一方面，就开发整体来看，由于金融总部大厦的同步建设，要求工程确保金融总部大厦的独立性及必要的空间。

关于本项目事业性的问题，简单来说，就是在基地内设置公开广场及贯通通路，构筑地下步行网络，从而得到容积率的放宽，以补偿历史建筑保存与维持的必要费用。

## 3.1.5 历史继承的方针

基于整理后的前提条件，为实现建筑的继承，并解决相关课题，项目进入方案研讨与历史继承方针策划阶段。方案研讨与历史继承方针策划实为表里一体的关系，因此实际的工作几乎是同时进行的。

**用语的选择**　在会馆中，由于结构体的问题较大，因此根据躯体的补强方法及更新范围的不同，进行了广泛的方案研讨。尽可能连同躯体整体保存原初的状态，是本次历史建筑保存意义的前提，根据对象物具体状态，分别使用“保存”“再现”“修复”等用语。此外，工程中对躯体与饰面材料要分别进行标记。

**时间点**　会馆价值所在的时间点以原初的 1920 年（大正九年）为基础。由于现状建筑较好地维持了 1925 年（大正十四年）震灾修补工程后的状态，虽然在震灾修补中，出现了墙壁的增设及补强，并导致立柱变粗，但出于其基本沿袭了最初的设计，因此在重视原初部位的保存时，也充分尊重 1925 年的状态。

**位置**　以原位置为基本。然而，在采用免震结构时，由于建筑与大名小路一侧基地边界线间要保证必要的空间，因此必须将建筑向西移位。

**范围**　在本项目中，将1920年的俱乐部设施作为有价值的部分加以留存，并作为范围设定的基础。对于躯体的范围，综合考虑关东大地震与不均匀沉降的问题进行设定。外装也遵循上述原则。在室内，对于一层玄关→大厅→大阶梯→二·三层大厅→二层大会堂·三层大食堂这个序列场景上的重要房间（区域1），尽可能进行保存（躯体保存部分）或再现（躯体更新部分）。

**保存修复、复原的观点**　尊重原形的维持保全，尽可能进行保存修复。遇到由于损伤造成价值缺失的情况，若相关部位被判断为在历史信息的表述上有意义，则将其复原为1920年时的原初状态。此外，对于修补时填补的新材料，或由于躯体更新而缺失的原初饰面材料，尽量选择在材料、形状、颜色上相近的替代品进行再现。

**整备的观点**　为确保安全性，满足法规、无障碍的要求，有可能要进行最低限度的改变。此外，在引入现代的设备的同时，尽量不改动原初的内装。

**事业性与诸项制度**　为了历史继承而产生的经济上的负担，通过活用文化财产制度（登录文化财产等）及城市规划制度（特定街区、综合设计等）寻求支援。

### 3.1.6 方案研讨与实施方案的选择

**关于躯体保存范围的10种方案研讨**　根据确定后的方针，从完全保存到完全更新，研讨了10个典型方案。其后，在考虑历史继承及结构问题的基础上，精简为对俱乐部设施的范围加以继承的3个方案。

方案一，完全更新躯体。方案二，通过免震结构，保存含大会堂·大食堂在内的三分之一的躯体，对剩余的三分之二加以更新。方案三，完全保存修复躯体，并对整体附加免震结构。从方案一至方案三，躯体保存范围逐渐扩大，这个趋势从历史继承的观点来看较为理想；但由于工程费用及工期的增加，经济上的负担也相应增大。关于历史建筑的保存，虽然很大程度上寄希望于业主的努力，但也是有限度的。因此，这个抉择在很大程度上与行政层面可能给予的支援相关。委员会的工作止于将以上 3 个方案作为建议提出，最终定案交由业主选择。

接受了上述建议的业主与设计者一起展开了和政府部门的协商。协商的结果是：会馆成为国家的登录文化财产（1999 年 8 月），由此开发手法可以活用特定街区制度；由于在保存事业上获得好评，取得了容积率上的放宽。以此为前提，定案以方案二为基础，进一步扩大外墙面的再现范围，使用免震结构的范围也扩展至整体。

### 3.1.7 设计与施工

**为指导实施设计而进行的第二次调查**　为了记录会馆的现状，同时也为了取得实施设计所需的详细数据，待会馆内部清空后，开始实施第二次调查。调查由三菱地所的设计部门及清水建设实施，同时为获得专业的指导建议，委托日本建筑学会进行监修。调查结果以《日本工业俱乐部会馆历史调查报告书》（2001 年 3 月）的形式加以总结，并捐赠给全国主要的图书馆、大学以及学术团体。

实施设计与第二次调查同步进行。在设计的推进中，最首要的是辨明建筑当时的设计思想。假如建筑完全未加修改而得以留存，在某种意义上，可以说即使不了解当时的设计思想也没有关系，但在建筑有修改的情况下，则必须根据当时的设计思想进行相关判断。设计尺寸基于图纸（竣工时的设计图、震灾修补工程的设计图等）和第二次调查的实测图加以确定。虽然单位以当初设计时使用的“尺贯制”[3]为基础，但为了匹配现代的施工体系，实施设计图的尺寸标记必须改为公制。由尺贯制换算为公制时，以毫米为单位，并对小数点后的数字四舍五入。

基于会馆竣工时及震灾修补工程结束时的照片，以及第二次调查的实测值

3　尺贯制是一种源于中国度量衡的日本传统度量体制，除了大部分来自中国度量衡的单位外，还有一些日本特有的单位。在此制度中，1 尺约合 0.30 米，1 间为 6 尺约合 1.82 米，1 寸为 0.1 尺约合 3.03 厘米。

和痕迹调查结果，明确了原初以及震灾修补完成后这两个时期的建筑状况。对比现状，能够清晰分辨出会馆哪里是由原初延续至今，震灾修补工程中是否对其进行了改修，又有什么部位在后期有所变化。查明并收集所有信息后，在对有价值部位的保存修复、复原以及再现的设计中加以反映。

**保护强化躯体的结构规划**　图 3-1-7 表明了对会馆躯体、外装及内装的保护方针。被保存的会馆建筑坐落于新建塔楼建筑 4 层地下空间的地下一层柱头部的免震装置之上，办公塔楼位于其后方。由于北侧邻地红线带来的高度限制，在平面上，塔楼高层部分不得不重叠于会馆之上；但是，这种做法会导致塔楼南侧外周柱列穿入会馆之中，影响其内部空间的保存。为此采取了将此柱列在底层部分向内侧弯折的策略，从而形成了塔楼高层部分出挑在俱乐部栋之上的结构形式。

位于俱乐部西侧三分之一范围中的大会堂、大食堂部分的躯体，由于外周采用了条形基础，在关东大地震中受损较少，此部分得以被保存（躯体保存部）；剩余三分之二的躯体还留存有地震时的损伤，而且还存在由独立基础带来的不均匀沉降问题，因此对此部分的躯体进行了更新（躯体更新部）。在早期的方案中，仅对躯体保存部分附加免震处理，但这种做法会导致躯体保存部分与更新部分之间出现变形缝及盖板。这是由于地震时位于免震装置上的躯体与其他部分的震动情况不同，为避免相互碰撞，需要在其间留出缝隙，并对此缝隙加以盖板进行保护，这与电车车厢间的连接方式相类似。然而，会馆中部一旦有变形缝出现，对建筑外观及内装的历史继承影响很大，因此提出了改善方案——将躯体保存部分与更新部分相结合，并一体化，将其整体置于免震装置之上。此外，为减轻躯体保存部分在抗震上的风险，对楼板及梁进行碳素纤维补强，同时采取了将躯体保存部分承受的地震力引导至更新部分的结构设计策略（图 3-1-12）。

**保存了大阶梯与大厅空间联系的防灾规划**　结构规划确定后，在会馆的设计阶段又遭遇了难题，即如何使大阶梯的竖井分区得以成立。由于会馆连同其背后的超高层塔楼一起成为一栋建筑，所以被保存建筑部分也受建筑基准法等相关法规的约束。位于会馆中央的大阶梯与大厅之间没有中间平台过渡，梯段直接

图 3-1-12（上）碳素纤维补强后躯体保存部分的楼

（下）免震层　© 三轮晃久写真研究所

从大厅开始，在视觉上，上下层的大厅相连通，成为建筑中精彩的空间节点。若将大阶梯进行竖井分区，不仅要在阶梯与大厅间设置防火卷帘，还必须移动阶梯以空出平台才能成立。

关于这个问题，请教了历史建筑防灾方面的专家长谷见雄二博士（早稻田大学教授）。虽然我们已经做好对大阶梯进行改动的心理准备，长谷见雄二博士却提出了在保持现状的情况下依然成立的防灾计划。他鼓励我们："在挑战困难时，明确的概念极为重要。比起模棱两可的结论，更应以这个明快的结论为目标——完整地保留有价值的空间。"

这个防灾计划是：大阶梯与大厅之间，从一层到三层保持原状，从而保存了原空间序列，在四、五层设置卷帘，火灾时可形成储烟仓。此外，在避难规划中，各房间的避难通道均不途经大阶梯。于是，从一层到三层的大阶梯·大厅空间——会馆的重要空间节点的原状得以继承（图 3-1-13，图 3-1-14）。

**躯体保存范围的免震化工程**　　免震装置位于地下一层的柱头部位。由于其上部建筑的一层楼板及其支撑梁低于地坪标高，所以为了避免地震时晃动的建筑躯体与外圈地坪相碰撞，建筑躯体与与外圈地坪之间要确保有 600 毫米左右的空隙。另外，在空隙外侧还要进行挡土墙[4]的施工。根据上述要求决定的尺寸来分析，会发现东侧（大名小路侧）外墙与道路红线间的距离不足，因此若将会馆保留于原位置，则无法实施免震工程。最终，不得不将建筑整体西移 1.2 米。

留存规划中的躯体保存部分后，其余部分在收集外装材料后被拆除。为增强躯体保存部分在施工时的抗震性，在其外侧附加了用于补强的临时钢构。在躯体保存部分两侧打入新建建筑的构真柱[5]后，用钢筋混凝土对其一层楼板进行补强，随后贯穿其下部，设置连接两侧构真柱的钢梁。此处的钢梁用于临时支撑躯体保存部分，将其荷载由之前的松桩转移到钢梁上。

这样就可以着手保存部分的曳家[6]工程了。采用了古有的转轴方式，3600

4　为建造地下构筑物而进行开挖时，防止周边地层坍塌的挡墙。虽有多种形式及工法，但在地下构筑物与基地红线间需要确保一定的空间间隔。

5　亦称"逆打支柱"。在逆打工法中，最初将构真柱打入地面以下，随后在向下逐步挖掘构真柱的过程中，逐层构筑地下的楼板与梁。

6　指在不对建筑进行拆除的情况下，将其整体提升并移动的工程。这是日本自古存在的技术，在道路拓宽及历史建筑保存（移筑）中得到应用。

图 3-1-13　大阶梯与大厅间无法设置防火分区 三层大厅（工程前）　© 三轮晃久写真研究所

图 3-1-14　通过防灾性能评价（大臣认定）得以继承的大阶梯与大厅间的空间（工程后）　© 三轮晃久写真研究所

吨的建筑物荷载全部转移至转轴上，使用 12 台 50 吨的油压千斤顶将建筑逐渐向西移动。为控制移动中的躯体不发生变形，在大会堂和大食堂分别设置振动计、变位计、倾斜计，合计 17 处，根据实时监控自动测算的数值进行施工。

随后，进行躯体再现部分的钢结构施工。在之前的躯体中，仅大跨度的保存部分使用了钢梁，其余为钢筋混凝土结构，这次再现部分的躯体变更为钢骨钢筋混凝土结构，较之以前强度提高，可以抵御阪神淡路地震级别的大地震。

免震装置由层叠橡胶及中心部位填充的铅插件构成，既有支撑建筑的作用，又可以减轻建筑的晃动，其重量约为 1 吨，在保存部分设置 12 处，在再现部分设置 24 处，共设置 36 处支撑着整体建筑。建筑荷载由临时承力的油压千斤顶向免震装置进行了 3 次转移后，由曳家准备工程开始的建筑免震工程至此全部完成。

**外观的继承：古材的保留再现材对原初气质的传达**　　在最初的做法说明《日本工业俱乐部会馆工程概要》中，关于外装材料有如下记述：

外观：近世复兴式平屋顶，各处均以简单庄重为宗旨，一层及玄关车廊部分为御影石，二层及以上贴装饰砖，屋顶正面炉形雕刻，两侧置雕像。

根据对建筑物的调查，上述御影石为花岗岩质的稻田石，装饰砖为瓷砖或陶砖，顶部雕刻及装饰条为混凝土制。

外装材料中给人留下最深印象的是烧制而成的黄土色的陶瓷砖。采用了近代复兴式 Sezession 风格的会馆，其外观以美国高层建筑的式样为模板，表达梁柱系统的构成，并使用陶瓷材料拼合成几何装饰。瓷砖为普通砖块横切面大小，纵向设四等分的凹槽，形成 4 块较小瓷砖的视觉印象，其拼贴方式较为罕见，上下两块形成一组，组与组之间进行错缝拼贴[7]。由于瓷砖间的拼缝与瓷砖上四等分凹槽的宽度相近，所以乍看错缝拼贴并不明显，整体上形成小块瓷砖拼贴而成的外观形象（图 3-1-15）。

在石材的使用方面，躯体保存部位维持原状，躯体再现部位使用了在拆除中收集保存的石材，因此全部实现了对原初材料的再利用。在会馆正面入口门

7　在砖石砌筑的结构中，为保证墙体稳固而使砌缝相互错位的砌筑方式，被称为“错缝砌筑”，该方式也用于瓷砖的拼贴，即错缝拼贴。另有砌缝相互对齐的砌筑方式，被称为“对缝砌筑”。

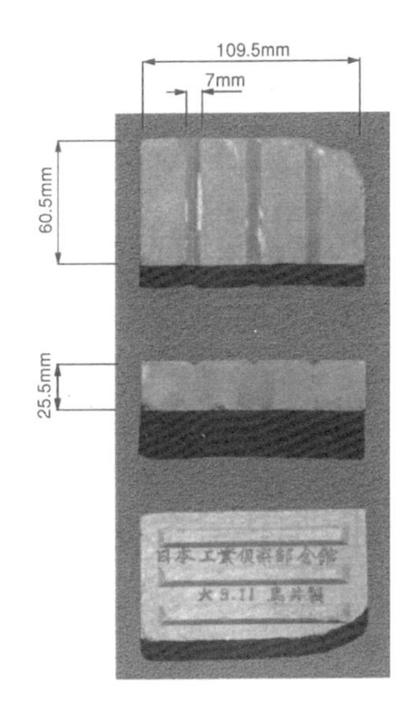


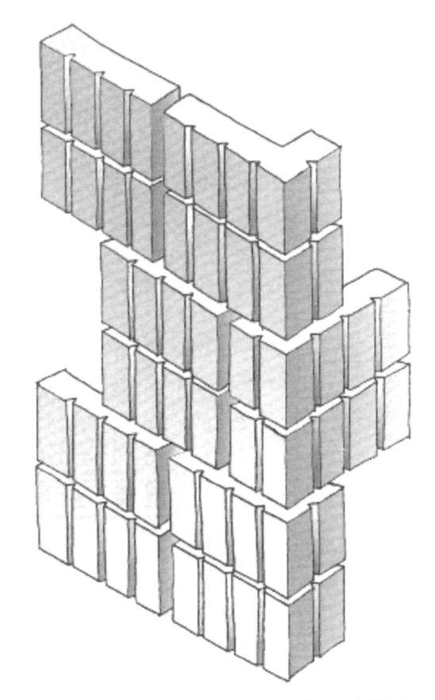

图 3-1-15　外装瓷砖（右图为拼贴方式草图）

廊处，支撑屋顶的一根重达 11 吨的多立克柱式[8]，使用了没有拼缝的纯稻田石，其上部以石材为模板浇筑混凝土，下部仅仅使用钢钉固定。在修复中，在上部横梁加入钢材，下部则附加锚栓以增强其抗震性。

此外，对位于躯体再现部的玄关门廊进行拆除时，在门廊上部的二层露台中，撤去后期铺设的防水材料后，发现了玻璃砖。玻璃砖的使用是为了使光线能够落入玄关门廊之中，这在最初的照片中也得到确认。以前由于漏水等原因对玻璃砖进行了覆盖，而在此次施工中，在采用了充足防水对策的基础上，使用新的材料进行了复原（图 3-1-16）。

关于外装瓷砖，躯体保存部分的西面（广场一侧）原初材料得以保存，仅从拼缝处注入环氧树脂以增强其黏合性能。这是由于西面外墙下部为植物带，万一瓷砖剥离掉落也问题不大。然而，在躯体保存部分的南侧（丸之内 1st 一侧），

8　在古典主义样式中，柱式是包含柱基，柱身，柱头，柱顶（柱头上部水平的部分）等组成部分的圆柱，是表达建筑样式的重要因素，分 5 种类型，多立克为其中一种。

图 3-1-16（上）工程前的会馆外观 © 三轮晃久写真研究所
（下）工程后的会馆外观 © 三轮晃久写真研究所

由于外墙下为人行道，为避免瓷砖的剥离掉落给行人带来危险，更换了新的再现材料——忠实再现了原初材料的形状和清洗干净后的颜色，躯体更新部分的瓷砖也使用了同样的材料（图 3-1-17）。

外部的窗框最初为钢制，第二次世界大战后更换为铝合金，当初的材料仅有面向后部光庭的一部分得以保留。在本次工程中，参考当时的照片，并对光庭一侧的材料加以分析，将窗框复原。虽然从气密性及造价方面考虑，铝合金制更为合理，但由于铝合金窗框无法实现原初钢制窗框的纤细比例，再加上对材料防锈的要求，采用了不锈钢窗框。此外，由于位置处于超高层塔楼的正下方，窗系统需要具备更强的耐风压性能，加上隔热性及隔音性的要求，因此选用了比当时更厚的复层玻璃。为了在加强性能的同时，实现对原设计的继承，窗的外立面投影尺寸沿袭了原设计，而在纵深方向则加大尺寸以增大强度，用于固定复层玻璃（图 3-1-18）。

对窗框涂装的精心处理。原窗框为现场油漆涂装，在本次工程中，为保证其耐久性，设计采用工厂镀膜涂装[9]。由于这种做法很难实现复古的质感，所以在工厂镀膜涂装之上又进行了刷毛加工。窗刚好处于容易被人观察到的位置，通过这样细致的处理，维持了建筑整体的年代质感。

建筑正面屋顶的装饰雕像为雕塑家小仓右一郎的作品。虽说是雕塑，其材料并非石材，而为钢筋混凝土制，手持铁锤的矿工与手持丝卷的纺织女工象征了大正时期日本的两大工业——煤炭与纺织。经拆解检验，雕像的损坏较为严重，于是，在裂缝处注入环氧树脂进行修补。之后，将这座约 14 吨重的作为会馆象征的雕像放到了躯体更新部分的原位置（图 3-1-19）。

9 高强度涂装方法之一，主要用于铁、铝、不锈钢等金属材料。由于需要在 140℃～180℃下进行镀膜和干燥处理，整个涂装过程只能在工厂内完成。

图 3-1-17　保存了原初陶瓷砖材料的躯体保存部分（西面）

© 三轮晃久写真研究所

图 3-1-18　外形得到复原的钢制窗框

© 三轮晃久写真研究所

图 3-1-19　钢筋混凝土制的雕像

© 三轮晃久写真研究所

**对体现了传统匠人技艺的内装的继承** 会馆的内装材料按用量排序有：抹灰·石膏、木、石、玻璃、铜制构件等。以下是建筑式样说明中有关内装的记述：

玄关：墙壁贴沙面瓷砖，吊顶抹灰加水性涂料处理，地面贴马赛克瓷砖，木材为柚木材抛光处理。

一层大厅：墙面贴春霞大理石，吊顶抹灰，贴石膏雕刻后水性涂料处理，地面木块拼花抛光着色处理，装饰材料为柚木抛光处理。

大阶梯：护墙板及梯段板贴春霞大理石，墙面抹灰加水性涂料处理，扶手为铸铁[10]和炼铁组合上釉处理，梯段铺装绒毯。

二层大厅：谈话室、台球室、酒吧、围棋·将棋室为一处大空间。窗壁板、护墙板、框、连接梁及立柱主材均为柚木，仅隔板采用桦木胶合板上蜡抛光处理，墙壁及吊顶为抹灰贴石膏雕刻后水性涂料处理。

大厅地面为木块拼花；谈话室四周轮廓为木块拼花，正中铺英国制绒毯；台球室、酒吧、围棋·将棋室铺聚氯乙烯面材；台球室置英国式台球桌1台，美国式3台。

大会堂：吊顶高19尺5寸（5.91米），附设舞台及控制室、卫生间，立柱及护墙板贴紫斑大理石。柱头带、舞台台口[11]拱券面饰石膏雕刻，贴金箔呈现古色。

穹隆状吊顶及墙体均为抹灰加水性涂料处理，舞台装艺术照明，采用实验用放映机，设置水道、煤气、排水设备。为放映幻灯，各窗均配暗幕；为活动摄影配备强电流；应纪念摄影要求，配置1500瓦的灯具8盏。设置1马力送风机2台用于换气，设坐席682座。

蛇纹石爱奥尼克圆柱的柱头上贴纯金箔，线角上吊顶为穹隆形，地面为木块拼花，墙裙饰面板高35尺（10.61米），贴蛇纹石。柏木及杉木磨砂面涂油漆，墙壁及吊顶施水性涂料，设352人坐席。

（后略）

在躯体保存部分，无加固需要的墙体内装材料可以维持原状；但在顶棚与地板的部位，由于楼板与梁需要加碳素纤维进行补强，所以内装连同其基材不

10 碳素含量为2.0%～4.5%的铸物用铁。加工容易，但抗冲击力的性能较弱。

11 英文为proscenium，即从客席看去，像画框一样将舞台框出来的结构物。这种明确将舞台与客席分开的形式，被称为“台口式”，台口通常使用幕帘。

得不先做拆除。在躯体更新部分，原有建筑被拆除时，对石材，木材等内装材料进行了收集保存。

下面对躯体保存部分的大会堂与大食堂的工程做简要说明。首先拆解顶棚及地板，呈现裸露的躯体，然后在梁与楼板的碳素纤维补强后，对顶棚进行复原。顶棚抹灰的基底是名为“木摺”的木龙骨，和原初做法相同。在抹灰之前，会用通称“TONBO”的麻纤维打底（胡须打底[12]）。麻纤维与灰泥相结合，可增强其强度，不会出现裂缝或脱落。形式多样的顶棚石膏饰件，制模量产，在相同的设计部位使用，而灯具悬挂处的石膏装饰则连同龙骨整体取下进行复原。大多数石膏装饰件的制作，先按类型分别采取原物 1 件，去除涂装后以其为基准制作模板，再以此模板量产相应的石膏装饰件。往模板中注入石膏并混入麻纤维的工法，与之前相同为手工制作，大约经过一晚的时间，石膏凝固后从模板中取出，经过干燥、养护后，最终成形。此外，为制作模板而采取的原始石膏装饰也被精心保存并再利用。大会堂正面装饰的金色凤凰雕刻，由于位于躯体保存部分的墙体上，无须取下，仅用石膏对破损龟裂处进行了修补。

位于躯体保存部分二层的大会堂使用了紫色大理石（紫斑大理石），三层的大食堂使用了绿色大理石（蛇纹石）。墙体除了有必要进行补强的部分之外基本保持原状，石材也原样保存。墙体有多处关东大地震时产生的龟裂破损，在地震后的修补工程中，没有更换，只是修补后继续使用。在本次修复工程中，由于采取了免震措施，可以减少加于建筑的地震作用力，因此对上述瑕疵没有进行修整，而是将其作为历史沉积的信息加以保留。此外，对于在之前的地震修补工程中，圆柱与墙体间附加的补强墙体，也出于同样的理由加以保留（图 3-1-20）。

木材被集中用于大厅中的墙体、装饰柱、门窗以及地面上。墙体与门窗的木种及材质与上述做法说明中的描述相同，维持着竣工时或地震修补工程后的状态。对比二、三层墙体的内装情况与竣工时或地震修补工程后的照片及图纸后，可以发现梁柱的尺寸由于结构的补强而有所增大，也有些原本的开口部位被改为墙体；但在地震修补工程中，这些部位的饰面材料依然尊重了原初的设

12 传统抹灰墙体做法的工序之一。在木制龙骨上抹灰后，加入麻制纤维，提高抹灰与龙骨的连接强度，再在其上面进行涂装。因麻纤维在和式墙体中被称为“胡须”（在洋式墙体中被称为“TONBO”）而得名。

图 3-1-20 （上）二层大会议室（旧大会堂，工程后） © 三轮晃久写真研究所
（下）三层大厅（旧大食堂，工程后） © 三轮晃久写真研究所

计。比如由于抗震补强，柱的断面不得不加大，在原初的木饰面板两侧附加了小段材料形成新的角部，通过这种做法尽量与原初的设计取得协调。因此，在此次工程中，虽然木饰面板为地震修补工程后使用的材料，但也按其原样保存，并在新建部分中复原，即柱与梁的饰面材料继承了地震修补工程后的状态。

由于地板材料容易损毁，因此经历的后期变更较多：一层大厅原为木制，在受水侵蚀而损毁后，改为石面铺装，二层大会堂原初的镁氧水泥板也变更为塑胶地砖。地毯与竣工时及地震修补工程后的照片都不同，应该为后来重新铺设的，同样可以判断地面的木饰拼花后期被改修的可能性也很高。在这次工程的地面材料选择方面，尊重原初以及地震修补工程设计的同时，兼顾功能性及今后作为俱乐部的要求，一层大厅为石面铺装，二层大会堂为木质地板，三层大食堂为地毯。在大厅、谈话室、贵宾室中，则按以前的做法，边界部位为木材拼花，中间铺设地毯（图 3-1-21）。

对于室内的门窗，虽然想尽可能使用原物，但同样出于现行法规的要求而不得不进行变更，尤其是为了回避大阶梯与大厅之间的竖井防火分区，大厅周圈的所有门窗必须变更为特定防火设备（防火门），这也是为了实现空间继承并确保火灾安全性而不得不作出的选择。尽管如此，原部件也被尽可能使用在了可以使用的其他地方。在不得不变更为防火门的部位，门扇与门框为铁质木饰面，其装饰框再利用了原始部件。另外，大会堂正面旧卫生间的入口门上的几何装饰，明确表达了会馆的 Sezession 式样，由于其在法规上没有变更的必要，因此得以原样保存（图 3-1-22）。

二层，如设计说明所记载的包含“谈话室、台球室、酒吧、围棋·将棋室”的大空间，是一处用圆柱与拱形连梁稍做分割的连续大空间，由于后期这个大空间中的休息区曾作为会员专用谈话室使用，因此与大厅之间增设了隔墙。在这次改修中，会员专用谈话室的功能被移置增筑的六层，所以休息区与大厅之间的隔墙不再有必要，使这里被复原为原初或震灾修补后的开放式空间状态成为可能。

大楼梯将各层大厅连为一体形成通高空间，是这座建筑空间的精华之所在。楼梯的墙壁与梯段，使用了呈透明感的白色寒水大理石，在用材说明书中记载为“砂面春霞大理石”，仔细观察墙体材料可以发现，其白色在色泽上略有不同，这是地震后的修补中很多材料被更换的缘故。在这次的工程中，后期被更换的

图 3-1-21 （上）一层大厅（工程后） © 三轮晃久写真研究所
（下）二层大厅（工程后） © 三轮晃久写真研究所

图 3-1-22　被保存的大会堂中的木制门窗　© 三轮晃久写真研究所

材料也被定位为与原初等同的修补用材，若无大的破损，均得以保存。楼梯扶手，用材说明书中记载为“铸铁及炼铁混用黑色釉面”，在战争中由于金属供应问题而被更换为木材，本次参考竣工时的照片，将其均复原为铁制。

位于楼梯间正面的彩色玻璃，面向光庭采光。之前，由于建筑内外的压力差，彩色玻璃发生了较大翘曲，放之不管会有破裂的危险，所以在改修工程中重新灌注了用于连接彩色玻璃的铅线，对于损坏严重的镶嵌彩色玻璃的框材，使用新材料进行再现，而其木质装饰框被保存并再利用。另外，虽然在这次的工程中彩色玻璃的背面空间不再是光庭，但在设计中设置了色温及照度随时间变化的内部照明系统，实现对自然光的拟真。装点石制阶梯的绒毯、被复原的扶手，以及得以保存的彩色玻璃，使得大楼梯的精彩空间得以复苏（图 3-1-23）。

图 3-1-23　复原后的大楼梯铁制扶手及保存的彩色玻璃　© 三轮晃久写真研究所

## 3.1.8 融合了继承与更新的设计

**作为历史建筑背景氛围协调的塔楼设计**　与日本工业俱乐部会馆相复合的金融企业总部超高层塔楼应以何种方式与这座历史建筑取得协调，是本次设计的课题之一。与会馆相比，塔楼在规模上是一种压倒性的巨大存在。首先，着眼于建筑整体作为东京站站前广场上的景观呈现，塔楼应该作为衬托会馆的背景被设计；但是，项目整体的命题在于既保证会馆的独立性，又能够呈现金融公司总部的地位。我们曾尝试将会馆的建筑语言全面应用于塔楼的设计方案，虽然建筑的统一性得以实现，但规模较小的历史建筑的存在感被削弱，同时金融公司总部的独特地位也难以彰显。于是，基于建筑设计应是其所处时代的表现这种观念，设计方针得以确立——坦率地通过现代建筑与历史建筑的对比实现相互的调和，这个设计方针也能够简练地呈现历史建筑和现代建筑的区别。

然而，仅用对比的手法，就会出现类似“水油不相融”的现象，因此能够促使二者产生共鸣的要素不可或缺。于是，我们在材料与构成方面思考如何能够使新旧产生共鸣：会馆的主要特征在于黄土色瓷砖与白色石材的基底上，由檐口、立柱与窗形成纤细的阴影关系，以上要素被引用到塔楼的设计中。塔楼是由在工厂中生产的组件通过现代化的建造方式组装而成，这种纯粹简单的外观构成与历史风格化建筑形成对比；高层部分采用玻璃幕墙，外形融于天空之中，成为历史建筑的轻盈的背景；与此同时，挑檐、竖梃等水平与垂直构件的阴影则成为与历史建筑取得共鸣的要素。

建筑在沿街景观上的呈现极其重要。塔楼裙房的外装材料使用了陶制百叶——Teracotta（意大利语） louver[13]，这与会馆中使用的陶瓷砖做法相同，同为“烧结材料”；基座部分使用了与会馆的稻田石相近的白色花岗岩。在外观上与会馆相连续的裙房，虽然形式不同，但由于采用了共通的材料，从而实现了现代建筑与历史建筑的调和。

基地的西南角为广场空间。地下规划有将来连接东京站及大手町站的步行系统，在地上与地下的连接点处，设计师规划了可以引入自然光的下沉广场。在下沉广场内的平台及通往地面的阶梯处，可以看到会馆被保存的墙体。下沉广场四周的墙体也使用了与会馆相同的瓷砖与石材。这种设计可以向穿梭于地下步行系统及在广场休憩的人们呈现历史建筑的样貌（图 3-1-24）。

**会馆内部新旧区域的调和**　　会馆的内部改修同样在“和时代的对话”方面精益求精，体现在保存 · 再现的内装区域与新建的非继承内装区域的相互关系之中。一方面，如果将大正时期的设计风格延续应用于新建区域的方法或许也成立，但会导致历史继承的区域变得模糊不清。另一方面，截然不同的设计风格的相互碰撞，可能会损坏内部空间的优雅氛围。因此，创造区分明确同时又相互协调的连续的内部空间，在一定程度上可以说比裙房外观的设计更为重要。经过数次探讨，形成了如下的设计方针：新建的非继承区域采用相较原初风格稍做

13　黏土素烧而成的陶制横向板片以一定间隔排列，作为遮挡直射阳光的百叶使用，在现代建筑中较为常见。

图 3-1-24 （左上）面向东京站前广场的外观全景 © 三轮晃久写真研究所
（左下）面向大名小路大手町方向的外观 © 三轮晃久写真研究所
（右上）面向广场的会馆形象 © 三轮晃久写真研究所
（右下）建设于会馆西侧包含下沉庭院的广场 © 三轮晃久写真研究所

变化的形态与色彩，表现与原初风格差异的同时，在照明方面不问新旧地采用整体统一的崭新设计。这样做的原因在于从前会馆内的照明器具，除贵宾室以外，多在后期被改修过。现代的照明技术可以更具效果地映照内部空间极富特征的装饰要素，从而可以更为有效地呈现历史建筑的优点。由于贵宾室中当时的枝形吊灯、壁灯与日用家具均保存完好，所以对其加以修补后，保存并再加利用。

**新的俱乐部设施机能的引入**　旧会馆为 5 层高的建筑，在这次的计划中，旧屋顶的一部分被增筑为六层，其功能为会员专用谈话室与图书室。对于那些出资建会馆的会员来说，能够体验其独有的身份与地位的新机能的引入必不可少。因此，在之前二层的休息区（曾用作会员专用谈话室）内置入隔断，分隔为单间，在三层规划了会员专用餐厅，由此充实了俱乐部设施的前厅功能。与此同时，为了设置新的会员专用谈话室，需要扩充建筑面积，扩充的部分就被规划在六层。为了从站前广场或街道眺望会馆时，增筑的六层不影响到好不容易留存的历史建筑的外观，我们通过诸多设计手法尽力控制其存在感，将新建的六层部分做退台[14]处理，并设计成椭圆形，使其能够隐藏在建筑女儿墙之后，而从这个空间内部透过屋顶庭院，能够远望东京站（图 3-1-25）。

2003 年，项目完成之时，对面的新丸之内大厦的重建以及东京站丸之内站厅的保存复原工程还均未着手，此后，由于新丸之内大厦重建时的体量后退，会馆面向东京站前广场的视野更为宽广。东京站丸之内站厅工程的竣工后，在新的会员专用谈话室可以眺望复原后的壮丽的东京站景观，从而成为更具价值的可以充分体味会员身份与地位的空间。

14　将建筑的位置后退的设计手法，比如将高层部分后退，从而突出独立的裙房部分。

图 3-1-25 （上）贵宾室（工程后） © 三轮晃久写真研究所
（下）六层附加的会员专用谈话室 © 三轮晃久写真研究所

| 历史继承表格 【日本工业俱乐部会馆】 | | |
|---|---|---|
| 建筑概要 | 【旧建筑】 | |
| | 名称 | 日本工业俱乐部会馆 |
| | 建筑所有者 | 日本工业俱乐部 |
| | 用途 | 俱乐部·事务所 |
| | 竣工年 | 1920 年（大正九年） |
| | 设计 | 松井贵太郎（横河工务所） |
| | 施工 | 直营 |
| | 结构规模 | RC 结构，5 层，部分地下 1 层 |
| | 建筑面积 | 约 8600 m² |
| | 主要的增改筑等 | 关东大震灾后的震害补休工事 |
| | | |
| | 【新建筑】 | |
| | 名称 | 日本工业俱乐部会馆·三菱 UFJ 信托银行总店大厦 |
| | 建筑所有者 | 日本工业俱乐部·三菱地所（分区所有） |
| | 位置 | 东京都千代田区丸之内 1-4 |
| | 用途 | 俱乐部栋：俱乐部 / 塔楼栋：事务所（金融类总店），店铺 |
| | 竣工年 | 2003 年（平成十五年） |
| | 设计 | 三菱地所设计 |
| | 施工 | 清水建设（俱乐部栋），大成建设（塔楼栋） |
| | 结构规模 | 俱乐部栋 :RC 结构，部分 SRC 结构，6 层 |
| | | 塔楼栋 :S 结构，部分 SRC 结构，29 层，地下 4 层 |
| | 基地 / 建筑面积 | 8100 m² /109 588 m² |
| | | |
| 历史价值的继承 | 历史继承的意义 | ①作为表现大正时期时代性的建筑物的意义 |
| | | ②作为日本国工业界的象征的意义 |
| | | ③作为形成丸之内地区景观象征的意义 |
| | | |
| 安全性的确保 | 耐震性 | 在耐震性方面存在悬念（耐震二次检测） |
| | 躯体劣化 | 在关东大震灾时受灾，沉降不均造成躯体损伤等方面存在悬念 |
| | 火灾安全性 | 大阶梯处无竖井分区 |
| | 掉落等危险性 | 瓷砖的剥离掉落，石膏抹灰装饰掉落的危险性 |
| | | |
| 机能更新的必要性 | 活用用途 | 俱乐部设施 |
| | 设备·防灾 | 针对设备老朽化的全面更新 |
| | 无障碍设计 | 出入口与二层大会堂 |
| | 城市规划 | 地上·地下步行网络的构筑，空地的整备，墙面控制线，高度 |
| | 其他 | 租赁事务所的机能更新 |
| | | |
| 历史继承的方针 | 时点 | 以创建时（1920 年）为基本，同时尊重震害补休工事的原创 |
| | 位置 | 以原位置为基本．同时，由于东侧部分的地下免震化工事，建筑向西平移 |
| | 范围 | 俱乐部设施范围，南侧，东侧的外装，继承玄关·各层大厅·大会堂·大食堂（实施时追加贵宾室） |
| | 结构 | 考虑关东大震灾时的受灾状况，1/3 保存，2/3 置换，并对整体采取免震措施 |
| | 外装 | 继承俱乐部部分的外装。对西面的瓷砖加以保存，其余为再现。复原窗框形状 |
| | 内装 | 作为重要的内部空间，对以下连续的空间进行保存：玄关，1 层大厅，大阶梯，2，3 层大厅，2 层大会堂，3 层大食堂 |
| | | |
| 诸项制度的活用 | 文化财产制度 | 国家登录有形文化财产（税制的优待） |
| | 城市规划制度 | 特定街区制度（容积率的放宽） |
| | | |
| 日程 | 设计（一次调查） | 2 年（一次调查 3 个月，研讨委员会 6 个月） |
| | 工事（二次调查） | 2 年 3 个月（设计调查 2 个月，随工事进展进行结构调查） |
| | | |
| 附注 | | 历史研讨委员会：日本城市规划学会 |
| | | 历史调查委员会：日本建筑学会 |
| | | 技术指导：文化财产建造物保存技术协会 |
| | | 日本建筑学会业绩奖获奖 |

## 3.2 三菱一号馆

（对明治时期砖结构建筑的忠实再现）

### 3.2.1 历史建筑与项目概要

**旧三菱一号馆**　购买丸之内地区后，三菱社的二代社长岩崎弥之助与管事·本社总管庄田平五郎在该地区做开发，意在创建符合现代文明的自觉于城市景观的洋风街区，规划建设办公、银行、由商社入驻的租赁办公和租赁住宅，以及美术馆、剧场等。1890 年（明治二十三年），庄田期盼的工部大学校造家学科（东京大学工学部建筑学科的前身）教授Josiah Conder就任三菱社的建筑顾问，同时录用了就职于海军吴镇守府的 Conder 的弟子曾禰达藏，开启“丸之内建筑所”——丸之内的建筑规划部门（三菱地所设计的前身）的工作。

据说，庄田、Conder、曾禰三人曾站在马场先门的石垣上，眺望三菱之原，做了以下的决定：这里建设的建筑应为砖结构或石结构，面对宽 20 间（约 36 米）的马场先大街，建筑的檐口高为 50 尺（约 15 米）。马场先大街在外濠的锻冶桥处通向旧街区京桥，同时也通向内濠的马场先门，它将成为丸之内的创生大道。

与市区规划修订同步，区域规划得以完善，作为这里最初的办公大楼——旧三菱一号馆的设计开始了。基地选在东南角面向马场先大街与大名小路交叉点的地块，斜对面为东京府基地（现 东京国际会议中心）。旧三菱一号馆的设计以 Conder 为主，选用代表英国维多利亚时代的正统的 Queen Anne 样式[15]，建筑于 1894 年（明治二十七年）竣工，1918 年，更名为“东九号馆”（本文仍延续其最初称谓“三菱一号馆”，图 3-2-1）。随后，由 Conder 与曾禰设计的三菱二号馆（1895 年竣工）、三菱三号馆（1896 年竣工），以及由妻木黄赖设计的东京商业会议所（1899 年竣工）建成。以上建筑占据了面向马场先大街两端的四处街角土地，被称为“三菱村的四轩长屋”，在其之间的土地上，砖结构办公楼接连不断地建立起来。1911 年（明治四十四年），三菱十三号馆的竣工成就了从大名小路至内濠约 200 米长的马场先大街的街景，因这里檐口高 50 尺（15.15 米）的砖结构建筑鳞次栉比的景象犹如伦敦，因此得名“伦敦一角”。

15　英国 Anne 女王时代（1702—1714 年）可见的建筑·美术·工艺样式，并由此得名。

图 3-2-1 （上）旧三菱一号馆（约明治四十年） 照片提供：三菱地所

（下）再现后的三菱一号馆 ©村井修

旧三菱一号馆是一座怎样的建筑呢？它地上 3 层，地下 1 层，砖与石材砌筑成墙体，以可起到摩擦桩作用的松桩构成浮式基础，总建筑面积约 5000 平方米，由 Conder 设计，曾禰担任现场主任。施工为直营工程，由 Conder 带领的施工集团（在专家间被称为“Conder 组”）实施。外观为 Queen Anne 样式，平面形式为分栋长屋型[16]。建筑纵向分割，三菱本社与承租者（5 分区）各自占据地下一层至三层的空间。

**旧三菱一号馆被拆除的原委**　随着 1950 年代日本经济的复兴，竣工 50 年以上的第一代办公楼的老化问题（在功能及规模上均难以为继）逐渐被人们所关注。三菱财阀解体后，继承了建筑资产的三菱地所于 1959 年（昭和三十四年）开始了第一世代办公楼重建的“丸之内综合改造计划”。当时，为适应第二次世界大战后的经济发展下对扩大办公空间的需求，三菱地所计划进行大型建筑建设，并为应对汽车社会而进行街区整备，废除东仲大街及西仲大街，扩大仲大街的路宽，建筑高度统一为当时的绝对高度限制——檐口 100 尺（31 米），由此构筑新的城市景观——国际商务中心。

在重建第一世代办公楼的紧张气氛中，旧三菱一号馆也迎来了重建，当时日本建筑学会等组织对其发表了保存要求书并获得社会的关注。1967 年（昭和四十二年）9 月，文部省文化财产保护委员会向三菱地所发出以下提议：“希望关注东九号馆的保存。如有可能希望保存现状，如果确实有困难，也可迁址保存。”由于三菱地所认为要克服老化及地基下沉的问题进行原地保存极为困难，因此开始研讨“拆除后部分移筑”的方案。

考虑到后期的移筑问题，相关人员在进行细致拆除调查的同时，采集有可能再利用的石材及金属，保存至高轮开东阁[17]等各处。当时移筑的备选地点，据说有东小金井历史公园（现 江户东京建筑园）等几处；但最终由于未能完成与文部省的协商，移筑未能实现。旧三菱一号馆被拆除后，街区得到大规模整理，三菱商事大厦就此落成（图 3-2-2，图 3-2-3）。

16　日本初期的租赁事务所建筑三菱一号馆像长屋一样将建筑内部纵向分割，将各自的玄关及与地下一层至三层的空间整租。从三菱十一号馆开始，设置公共走廊的按房间出租的方式成为主流。

17　由 Josiah Conder 设计，1908 年落成的岩崎弥之助的高轮别墅。建筑在遭受战祸后得以修复，仅外观保持原初样貌，现由三菱系 28 社维持管理。

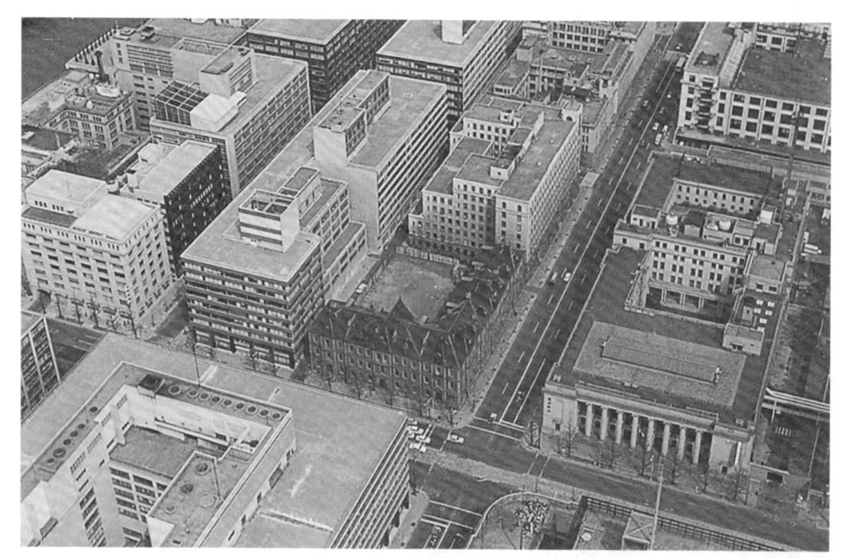

图 3-2-2　被拆除前夕的三菱一号馆（昭和四十三年）　照片提供：三菱地所

图 3-2-3　三菱商事大厦

**在 21 世纪丸之内的再构筑之中**　时至 21 世纪，丸之内迎来了第二次再建设，东京站丸之内站厅、日本工业俱乐部会馆，以及昭和初期的明治生命馆等保存再生计划均在其中。街区在进行功能更新的同时力求对历史的继承；但是，论及对商务街区丸之内近 120 年的历史传承，作为其开端的明治时期的建筑均已不复存在。

2004 年 3 月，包含旧三菱一号馆基地在内的街区（三菱商事大厦、古河综合大厦、丸之内八重洲大厦）再开发事业揭幕，丸之内地区的再建设由“第一阶段”丸之内大厦的重建开始，并由此逐渐扩展和深化。2008 年开始的“第二阶段”再建设波及 111 公顷的大手町 · 丸之内 · 有乐町地区全域，其中的第一个项目即为此处街区的开发，而开发者三菱地所明确表明了再现旧三菱一号馆的意向，以下是对其发布内容的记录：

再现从前位于基地上的丸之内最初的办公楼“三菱一号馆”。对日本最早出现的近代办公街区“丸之内”的街区塑造，不仅仅在商务上，在文化上也将因此而丰富充实。重新认识草创期的思想，将再现的建筑作为“丸之内风格的源泉”加以活用。具体说，将在对以下领域进行研讨：历史•艺术等文化方面，信息发布方面，以及在城市观光的区域管理中起到积极作用的“接待中心”方面。在象征次世代的办公栋以及红砖样貌的“三菱一号馆”之间，设置充满意趣和向心力的广场，形成魅力十足的街角。

这个开发项目——三菱一号馆的再现以及周边的丸之内 PARK 大厦的开发及设计工作由三菱地所设计进行，施工委托给竹中工务店。

## 3.2.2 为何再现旧三菱一号馆

**关于再现意义的议论**　对已被拆毁的旧三菱一号馆进行复建，根据 2.6 节的用语定义，应使用“再现”一词。不论原建筑知名程度有多高，这一“再现”工作都不是容易的事。通过再现能否传达建筑的历史价值，其意义何在，对社会有何影响，应在通盘考虑后慎重实施。

为明确再现的意义并确立方针，三菱地所分别向两处学会委托有关旧三菱一号馆的再现研讨工作。首先，日本城市规划学会从城市规划的角度出发，组织了由学者、行政部门、开发商、业主为主要参加人的讨论（日本城市规划学会“旧三菱一号馆再现研讨委员会”报告书，2004 年 3 月）。随后，为从建筑的角度，在调查 · 计划的技术方面获得专家的指导，日本建筑学会关东支部组织了研讨委员会，对再现的目的、意义及基本方针进行了讨论（日本建筑学会关东支部“旧三菱一号馆再现研讨委员会”报告书，2006 年 3 月）。虽然旧三菱一号馆已明确被认定为近代建筑史上的重要建筑，但在“再现的意义之所在”这个问题上，两个委员会均花费了大量时间进行讨论，而在再现方法的研讨中，也常常会回到这个立足点，在不断对其确认的基础上向前推进。

**基于历史依据能否进行忠实的再现**　　通过再现对历史价值的传达要在准确辨明事实的基础上进行。“基于历史依据，能否进行忠实的再现”是两个委员会最大的争论之所在。如上文对旧三菱一号馆被拆除原委的说明，因为当时有移筑的可能性，建筑拆除时对有可能再利用的部件材料都做了收集保管，同时对建筑进行了详细的实测调查，并留下了大量的拆除照片（图 3-2-4）。

此外，三菱地所藏有旧三菱一号馆原初的设计图纸、竣工后的图纸及照片，以及同时期 Conder、曾禰设计的三菱二号馆、三菱三号馆的图纸，图书馆等机构中也存有大量相关史料。借助如此充实的史料，应该有充分的把握再现旧三菱一号馆原初的样貌（图 3-2-5，图 3-2-6）。

**再现的意义与方针**　　以忠实的再现为前提，对旧三菱一号馆再现的目的及意义做了这样的定位——“建筑作为日本近代办公街区丸之内地区的原点，在原位置的再现，在近代城市历史的呈现上有其意义。”由此，通过旧三菱一号馆的再现，对能够向社会传达的历史价值做了如下的整理：

（1）作为丸之内办公街区原点的价值；

（2）作为近代办公建筑原点的价值；

（3）作为 Josiah Conder 作品的价值；

（4）在阐明 Josiah Conder 设计思想方面的价值；

（5）对当时建筑技术的阐明、体验及继承方面的价值。

此后，遵循再现旧三菱一号馆的意义，制定了各项目方针。

（1）时点：以体现设计者 Conder 设计思想的 1894 年竣工时点为基本。

（2）位置：原位置（基于 1956 年和 2004 年的测量图）。

（3）史料依据：原初图纸（设计图、竣工图），改修图，拆除时的实测图，照片（原初、拆除时），保存部件及材料。

（4）再现范围：有史料依据范围内的整体外墙、内部共用空间及一部分房间，基础除外（由于免震化的采用）。

（5）材料：尽可能在活用保存的部件与材料的同时，尽力使用同种材料再现，获得困难的部分，在考虑强度等要求的基础上，选用设计意旨上类似的材料代替。

（6）关于改动：基于法规、安全性、无障碍设计，以及活用的要求进行最小限度的改动。外墙改动仅限于建筑背面，面向道路的正面以完全再现为目标。

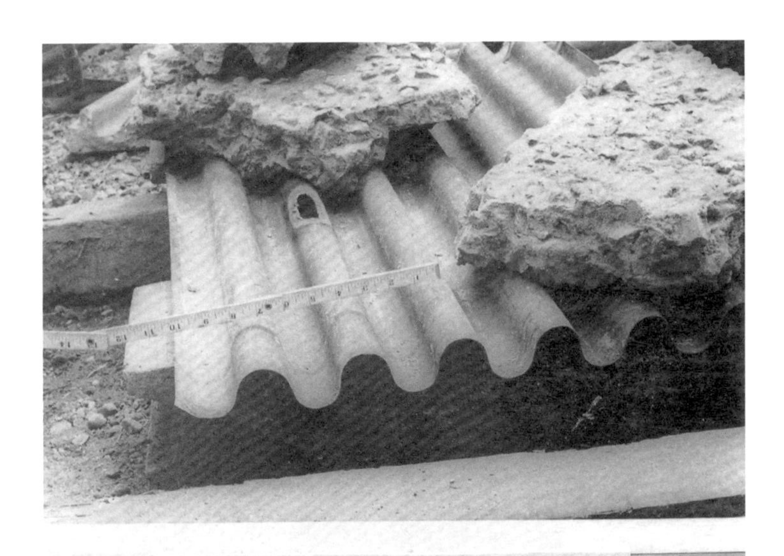


图 3-2-4　旧三菱一号馆被拆除时的照片 波塑铁板楼板，含砖粒的混凝土（1968 年）　照片提供：三菱地所

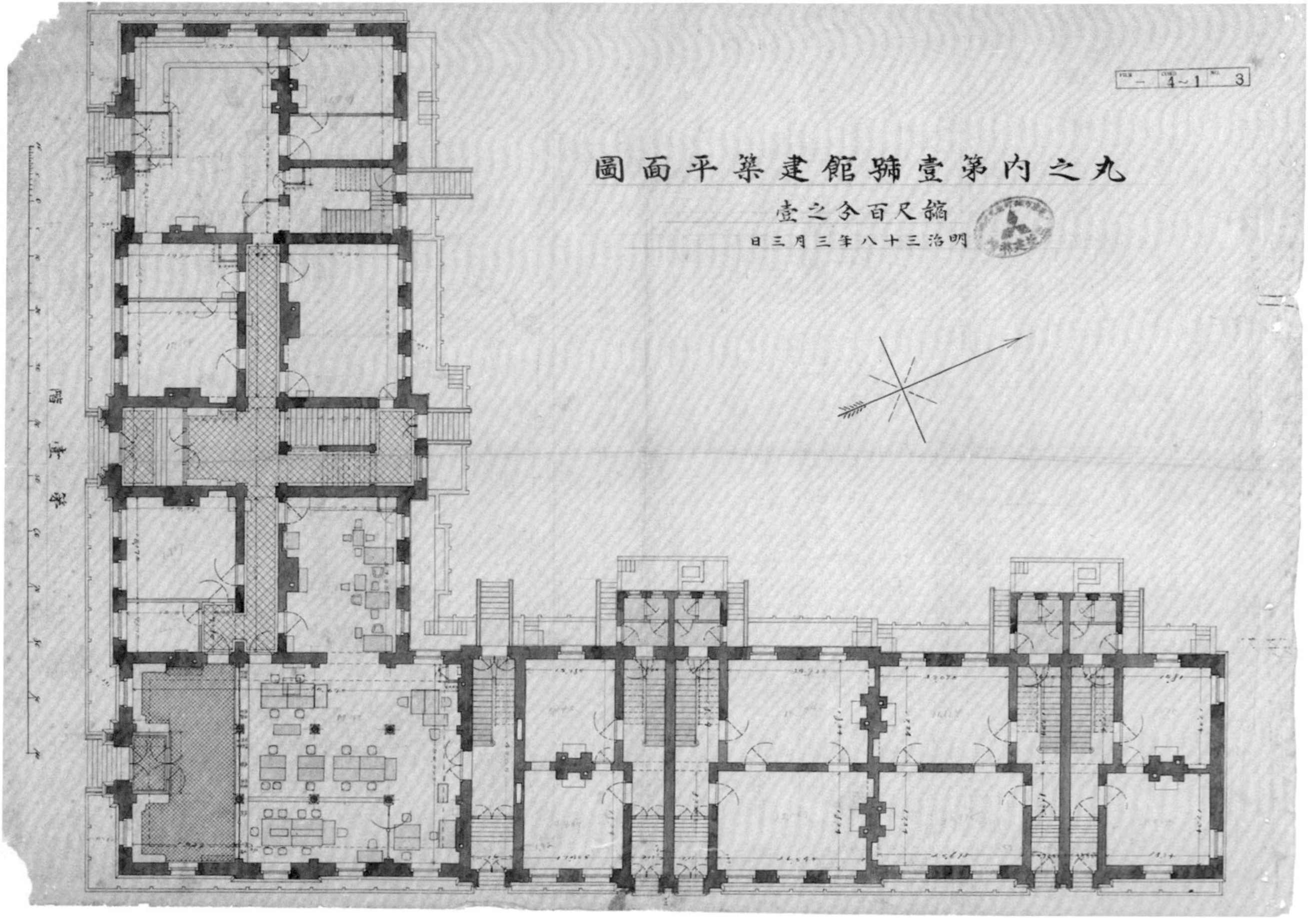

图 3-2-5　旧三菱一号馆当初图纸 一层平面图（竣工后 1905 年绘）　照片提供：三菱地所

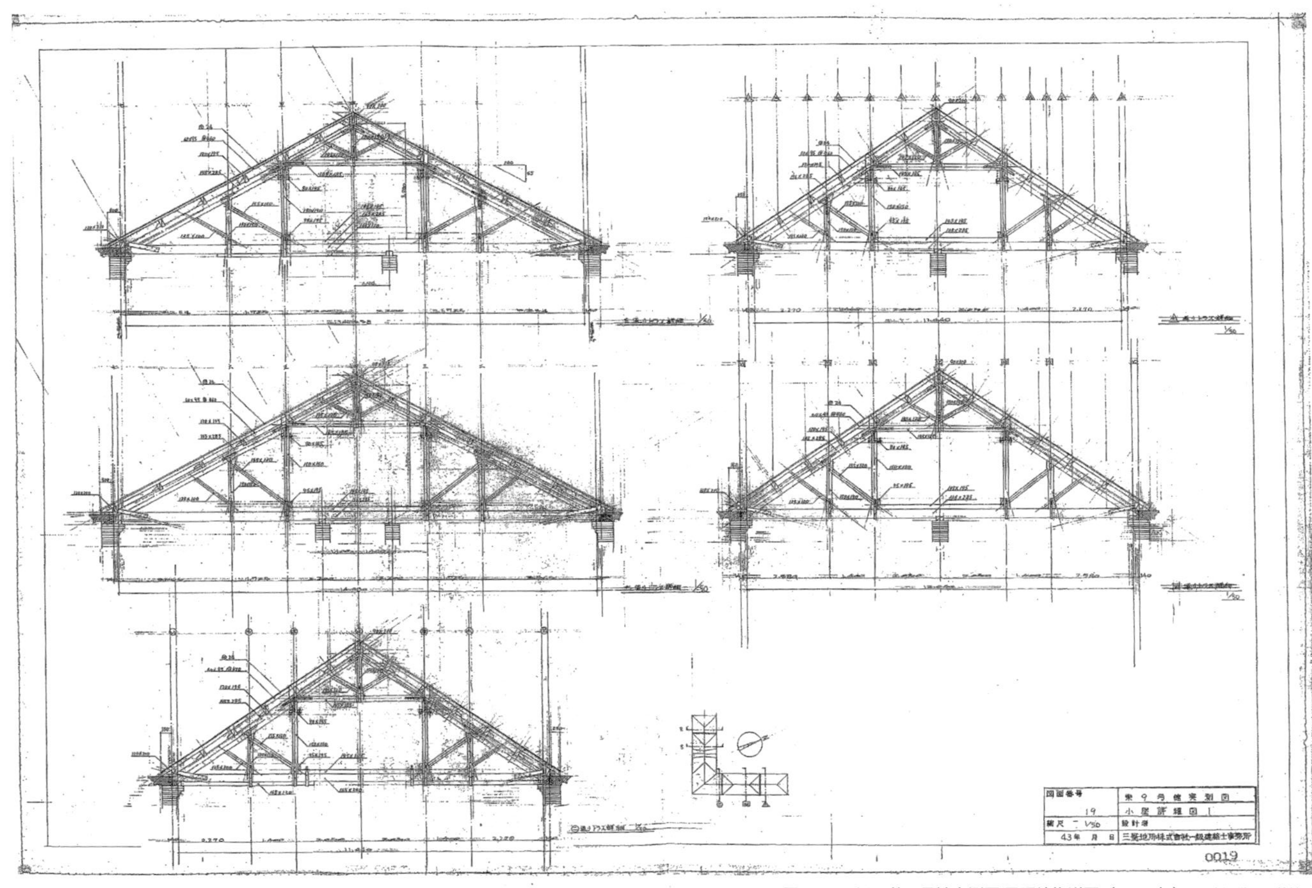


图 3-2-6 旧三菱一号馆实测图 屋顶结构详图（1968 年） 照片提供：三菱地所

## 3.2.3 技术传承已中断的砖砌结构的再现

**Conder 设计的抗震砖结构**　旧三菱一号馆的设计在土地购入后随即展开。根据河东义之博士（小山高专名誉教授）的研究，实施方案吸取了 1891 年（明治二十四年）10 月发生的浓尾地震的教训，采用加强了抗震性的砖结构。在浓尾地震中，很多砖结构建筑损毁。砖墙受地震作用摇动时，由于窗洞口处的墙体较少，致使墙体在此处向外鼓胀，从而出现崩毁的现象。为了抑制墙体的崩毁，在旧三菱一号馆的外墙各层窗洞口上下第一皮砖的拼缝处，根据墙厚埋设数枚被称为“带铁”的细长铁板（图 3-2-7）。

另外，浓尾地震后，楼板构造变更为铁骨梁与铁质折板 + 混凝土的防火楼板做法。除了防火性能的增强，楼板梁的端部锚固于砖墙之中，意在紧密连接并固定相应的墙体。更进一步，在木屋顶结构中，桁架在跨度方向设置相互连接并防止错位的部件。综上，在建筑各处均对抗震性能有所加强。在 1923 年（大正十二年）的关东大地震中，丸之内大厦、东京海上大厦等初期钢筋混凝土结构的建筑均有损坏，而以旧三菱一号馆为首的抗震砖结构办公大楼并未受损，也就是说，Conder 设计的抗震砖结构的良好抗震性能在关东大地震中得到验证（图 3-2-8）。

**辨明砖结构建筑的构成**　现如今，虽说业界有修复明治时期砖结构建筑的经验，但已经没有人能够按照当时的构筑技法设计并建造大规模的砖结构建筑了。砖结构建筑设计与施工的技术传承已经中断。因此，我们不得不通过大量的史料来辨明当时的建筑构成，并通过反复的试验，一项一项地确认传言中的经验与技术。由于篇幅限制无法对这些内容进行全面介绍，在这里仅对其中几项加以说明。

在留存的原初图纸中，有 1905 年（明治三十八年）的矩计图[18]。1905 年，旧三菱一、二、三号馆都已经竣工，曾禰发表了关于这 3 栋建筑的论文，论文中使用了相关图纸。此外，还留存有 1905 年绘制的多栋建筑图纸，可以推测，这些图纸应该是作为对竣工建筑物的记录而被绘制的（图 3-2-9，图 3-2-10）。

松桩上设置木构件，浇筑混凝土，形成带状基础，其上通过扩脚的形式层

18　将建筑剖断，表达从基础至檐口的主要外墙做法以及尺寸、材料等信息的剖面详图。

图 3-2-7　砖墙内铺设的带铁（复原）

图 3-2-8　楼板梁端部的锚栓细部（1968 年）拆除时的照片　照片提供：三菱地所

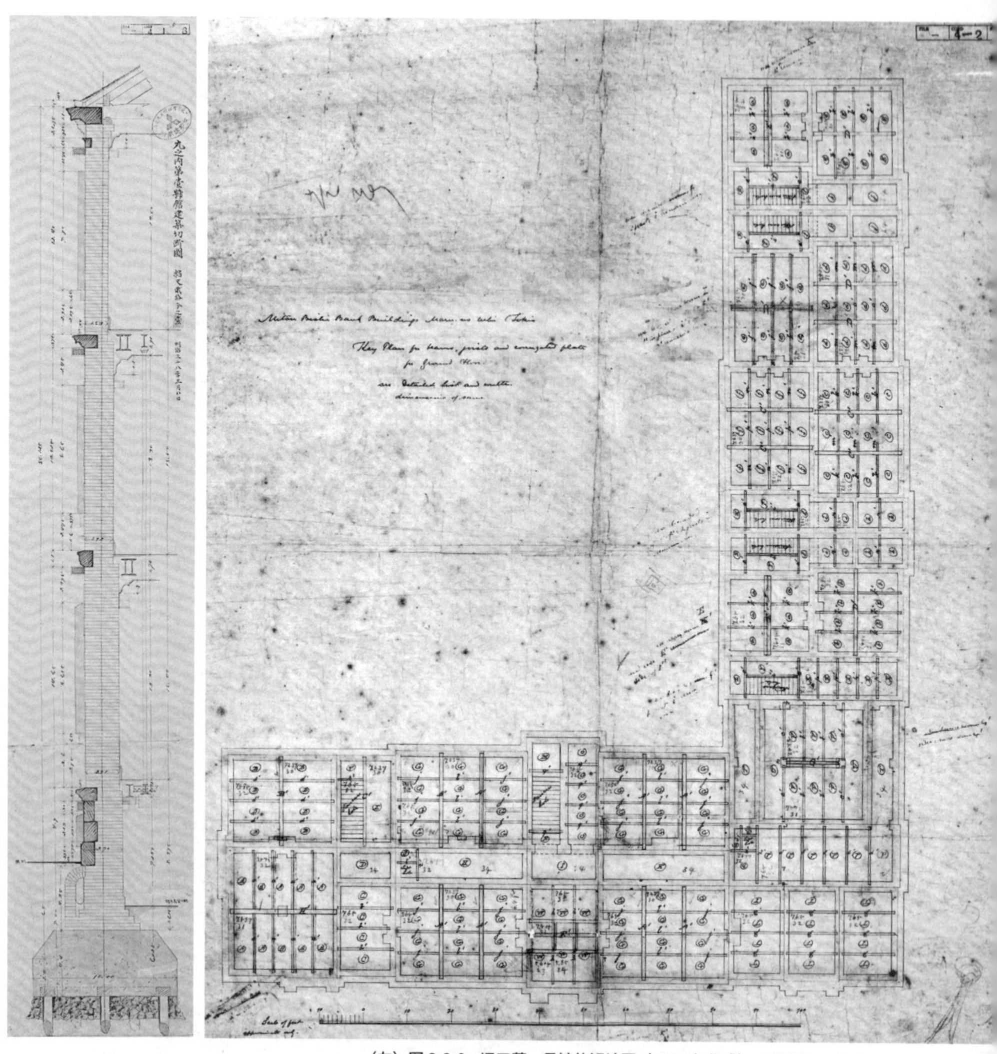

（左）图 3-2-9　旧三菱一号馆的矩计图（1968 年作成）　照片提供：三菱地所

（右）图 3-2-10　旧三菱一号馆的楼板平面图（设计图）　照片提供：三菱地所

层砌砖。这种基础形式同样被用于一年后竣工的三菱二号馆之中。虽然旧三菱一号馆的基础遗构由于后期改建的三菱商事大厦地下工程基本没有留存，但基地仍存在局部未做改变的部分，在复原工程开始前，进行了桩体发掘调查。与预想情况相同，在调查中发现了多处旧三菱一号馆外围的桩体（正式桩以及部分板桩）。旧三菱一号馆的原位置，一方面可以通过过去的实测图进行判断，另一方面，桩体遗构的发现也是其存在地点的物质证明。松桩的长度为 7～8 米，并未到达支撑地层，因此可判断其起着摩擦桩的作用。

砖砌外墙共 4 层计 238 段，在保证外侧面平齐的同时，越往上墙厚度越小。砖墙厚度由砖块长方向的块数表示：地下为 3 块半（2.70 尺，约合 82 厘米），一层为 3 块（2.31 尺，约合 70 厘米），二层为 2 块半（1.92 尺，约合 58 厘米），三层为 2 块（1.53 尺，约合 46 厘米）。在外墙矩计图中，沿高度方向引出水平线，标注了砖块的段数。所使用的结构砖（未暴露于表面的砖）的尺寸通过 1968 年（昭和四十三年）拆除时的记录可以辨明，0.75 尺 x0.36 尺 x0.2 尺（23 厘米 x11 厘米 x6 厘米），分缝宽 0.025 尺（0.76 厘米），与所谓的“东京型”砖一致；但是，外表面的装饰砖，由于其分缝间距平均分割为 0.75 尺（23 厘米），尺寸较内部结构砖稍小。可以推测，为使装饰砖的分缝平整对齐，需提高每块砖的尺寸精度，或许又增加了一道通过研磨调整尺寸的处理工序。

在外墙矩计图中，有灰色着色的石材剖面表达。基座处的石材拼缝与砖块拼缝相吻合，一块石材对应着若干段砖块砌筑。石材背面错位堆叠凹凸不平，拼缝位置也不贯通，意在增大与砖块的接触面积，从而充分咬合。此外可以发现，在檐口及中段线脚的石材中，石材突出外墙面的距离越大，其在墙体中的埋深也越大，从而保证石材重心在墙体内。此外，呈现于墙体外表的窗缘石、角石、楼板梁、换气口等位置的图面中，表达了在砖砌墙的第几段如何连接等信息。图面虽然简单，但通过在标记方式及色彩划分上的努力，精确地传达了必要的信息。

在砖墙内置入承梁石，在其上插入铁骨梁。这是因为如果直接在砖墙上架梁，会导致砖块破损，所以采用了将梁的荷载通过石材分散传递的方式。铁骨梁间铺设铁质折板，注入混凝土，形成防火楼板。

当时西洋馆的屋面结构有 Queenpost 桁架[19]及 Kingpost 桁架[20]两种系统。旧三菱一号馆采用了 Queenpost 桁架系统。在砖砌结构中，最上层楼面标高以上的砖墙上部没有联系梁，这种悬挑[21]的方式是其抗震上的弱点。旧三菱一号馆的屋顶为木结构，且与砖墙顶部进行了紧密的连接。在木结构屋椽上架设面板，其上再铺设屋面瓦。

**明治的抗震砖结构 + 现代的免震结构** 前文说到历史建筑的砖砌方法现今已经失传，而且无法通过记录及传承的学习完全把握。因此，有必要在对零碎的资料进行收集、整理的基础上，进行各种试验，以形成在实践中可用的方法。此外，决定墙体强度的砖块单体及其拼缝的压缩剪切强度，需达到现今的 JIS 规格要求，其中尤其重要的是水泥砂浆拼缝中砖与砖的连接强度，而在砌筑砖块之前的湿水工序[22]起着决定性作用。

砖块适度吸收砂浆中的水分，可以增强其与砂浆的附着强度。一方面，如果湿水工序不充分，导致砌筑的砖块水分不足，砂浆内的水分会被过度吸收，致使拼缝变脆易碎。另一方面，如果砖块内水分过多，则砂浆中的水分无法被吸收，从而无法提高附着强度。含水率适度与否随砖块的种类不同而变化。

砖砌结构全盛时代的设计者与施工者应该非常了解不同工厂制造的砖块的最佳浸水时间，而这些在明治时期确立的设计及施工经验，现今已无从获得。在这次项目中，为保证色泽与质感而特别制作的砖块及其接缝砂浆，最合适的浸水时间需要再次计算，而且由于砌砖工程在冬季及夏季均进行，所以也必须把握气温带来的变化。关于上述问题，必须在准备阶段进行多种多样的试验，积累精确的数据后才能开始施工。

虽然旧三菱一号馆的抗震砖砌结构经受住了关东大地震的考验，但若仅维持原样，则不符合现代的建筑基准法要求。具体来说，建筑地上 3 层的规模以及支撑墙垛的间距过大等问题都不符合建筑基准法对砖结构的做法规定。因此，现代免震结构技术得以采用。通过免震装置减轻作用于砖砌建筑上的地震荷载，

19 木造建筑的屋顶结构称为“小屋组”，此为洋式小屋组的形式之一。三角形剖面的中央没有设置支柱（真束），取而代之的是两侧的两根支柱（对束）。

20 洋式小屋组的形式之一。三角形剖面的中央设置支柱（真束）。

21 即采用悬臂的结构方式。指结构体的一端固定，其他端为自由端。

22 指对砖块进行浸水处理。

通过结构解析，确认建筑已满足所需的性能要求，从而取得结构的大臣认定。由于基础部分未被包含在本次的再现对象范围内，免震装置被安放在支撑底层的桩体及钢筋混凝土地下结构（丸之内 PARK 大厦）的地下一层的柱头处，并在其上部设置支撑砖墙的大尺寸的钢筋混凝土梁——在这个结构体之上，进行历史建筑的再现。明治时期的抗震砖砌结构与现代免震结构的组合，使得不需对建筑加以特别补强就能符合现行法律的规定，从而使对砖砌结构的忠实复原成为可能（图 3-2-11）。

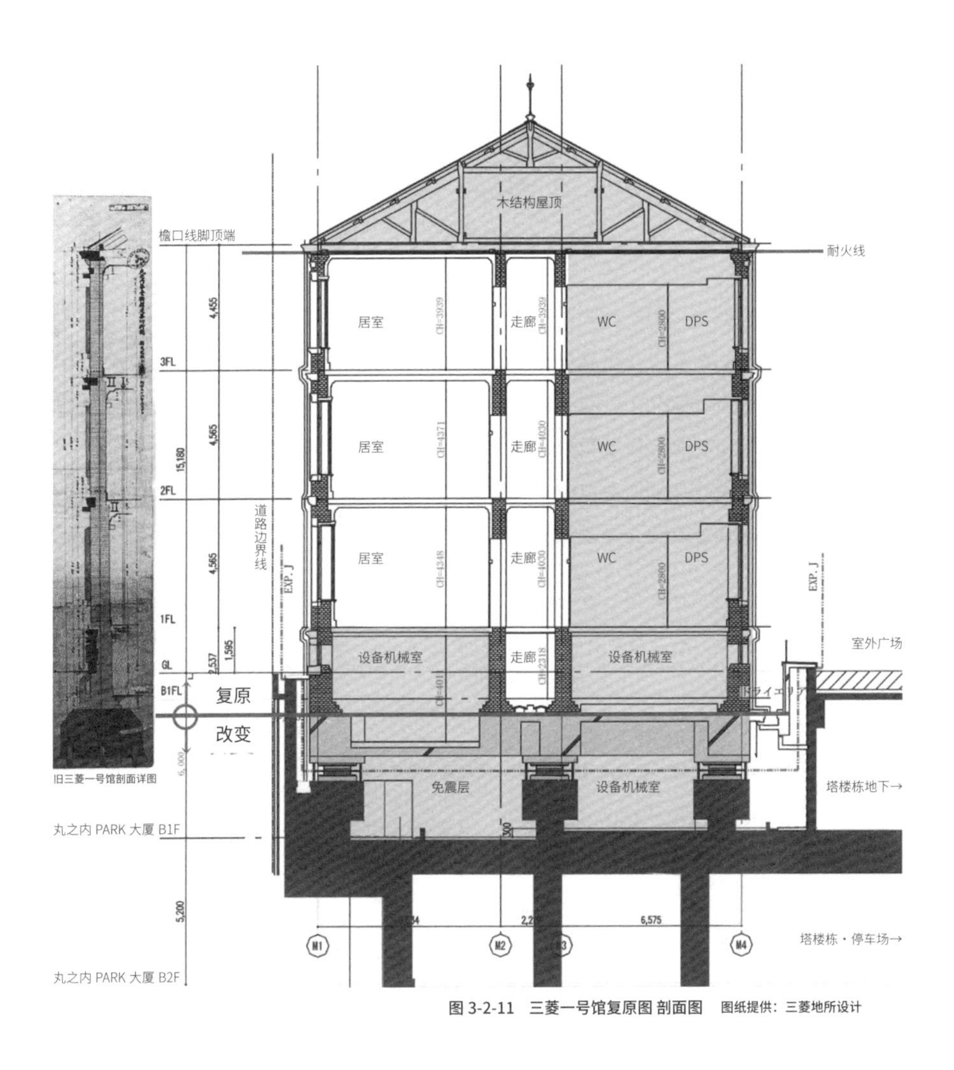


图 3-2-11　三菱一号馆复原图 剖面图　图纸提供：三菱地所设计

**考虑了灵活性的砖结构事务所建筑**　留存下来的旧三菱一号馆的图纸包括设计图、竣工图以及竣工后各个时期的的改修图等。1892 年（明治二十五年）的建筑杂志中发表的为设计阶段的图纸。中廊式的三菱本社区面向马场先大街，在马场先大街一侧设 1 处租赁办公区，在大名小路一侧设 4 处租户区划。正如前文所述的“分栋长屋形式”，在这个事务所建筑的设计中，本社与租户共计 6 个分区，分别享有独自的入口玄关以及从地下一层至地面三层的分栋空间。在三菱本社区域的东南角设置了 2 层通高的大空间，而银行的营业厅也有其单独的玄关。此外，各单独的分区均设专用的后庭与便门，推测应为停放马车及进出搬运货物的场地。

在 1905 年绘制的施工后的平面图（图 3-2-12）中，可以得到更多的建筑信息。颇有意思的是，图面的多处墙体较薄并被标注。与拆除实测图及照片相对比，这些地方与砖拱所处的位置相一致。再与竣工后的改修图及拆除实测时的平面图相对照，设置于墙体上的门洞位置随时代不同而变化，其位置同砖拱的位置相吻合（图 3-2-13）。

在砖砌结构的墙体上开洞时，必须事先在洞口上部预置过梁[23]或砖拱。原则上，砌筑完成的砖墙在后期不再允许自由开洞口，而在后期的改修中，洞口位置的变化是出于租户的使用要求。可以推测，设计时，事先在墙体中设置砖拱，为开洞口预留条件，日后可以利用事先预留的位置，根据使用要求进行开洞或封堵。这样精心的设计，为墙体上无法简单开洞口的砖砌结构建筑赋予了灵活性，实际上，这种设计在作为美术馆使用的再现后的三菱一号馆中，也发挥了有效作用。

23　在砌筑结构或木结构的墙壁上，为开设洞口而在其上方插入的补强材料。

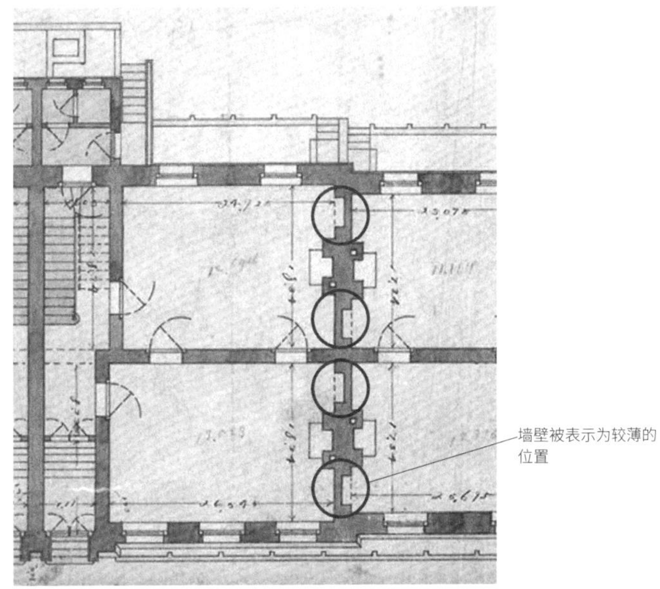


图 3-2-12 旧三菱一号馆 一层平面图（部分，1905 年作成） 照片提供：三菱地所

图 3-2-13 旧三菱一号馆中包含砖拱的墙体（1968 年拆除时） 照片提供：三菱地所

## 3.2.4 三菱一号馆的外装

**优雅的建筑外装设计**　在留存下的图纸中，有被推测为是 Conder 所绘制的立面图（正面图），虽然图纸上没有签名，但图面表达与他所设计的其他建筑有 Conder 签名的图纸相同。在 Conder 的设计图中，从立面构成到屋顶及窗的形状，直至五金件的设计，均有细致的描绘，并通过着色对材料的使用加以区分，平面图、矩计图、各部分详图也同样如此。图面内容表述清晰且相互吻合，从中能够读取 Conder 的设计思想，可作为建筑学设计制图的样本，在进行现代建筑图的绘制时，有许多值得学习的地方（图 3-2-14）。

红色为砖块，横线表达段数。灰色为石材，由两种颜色的区分可推测石材分为两种。参考拆除时的实测调查，基座部的石材为坚硬的花岗岩，窗框、角石、檐口线脚、中段线脚为柔软的安山岩——便于雕刻。石材分缝与砖块段数的关系也可以通过建筑立面读取。在屋面部分，屋脊的差异、小屋顶、老虎窗以及烟囱的位置、铺设石板或铜板的范围，直至屋脊装饰以及避雷针的设置等均有表达。建筑整体呈对称形式，正面中央约一半的墙体向前凸出，与之对应的栋高[24]也较高。

玄关部分的墙面向前凸出，玄关与角石、阳台、小屋顶、老虎窗、避雷针等作为一个整体被设计，分别配置在中央及左右共计 3 处位置，起着象征性作用。层高从一层到二层、三层，直至最上层逐渐缩小，这应该是意在利用视觉错觉，使得建筑显得更为高大的缘故。此外，窗的设计也精益求精，一层、二层、三层的设计各有不同，越向上，装饰越为精细，这也是为了使建筑显得更加雄伟的设计技巧，檐口线脚的形状及细腻程度也与其相对应，起到将视线引向建筑物上部的效果。

**各面相异的外装等级区分**　现今的丸之内，建筑的正面玄关大多面向大名小路、仲大街、日比谷大街等南北向的道路，而在丸之内初期，如果一定要总结规律的话，建筑的正面则多面向通往皇居的东西向轴线。明治时期的旧三菱一号馆与其所在的马场先大街地块、大正时期的日本工业俱乐部会馆，以及旧东京银行集会所与其所在的通往和田仓门街道的地块，都是具有代表性的例子。这应

24　指两个倾斜屋面相交的脊线部分（栋），从地面算起的垂直高度。

图 3-2-14　被认为由 Conder 绘制的旧三菱一号馆 南侧立面图（原初图）　照片提供：三菱地所

该是出于江户时代的习惯，倾向于将通往江户城内濠宫门的道路作为城市轴线来对待。

在旧三菱一号馆的设计中，面向马场先大街展现三菱本社的形象，面向大名小路则展现租赁办公楼的形象，各立面均为左右对称的形式。外装等级可以由当时高昂的石材饰面的使用比例推测。面向正面道路的包括入口玄关的南面与东面，基座、角部、中段线脚、檐口线脚、玄关边框、窗框、阳台等处均使用了带装饰的石材，加以高格调的装饰表现。在面向曾经的东仲大街的西面，石材的用法与正立面大致相同，但不包含玄关与小屋顶。在大名小路上可以看到的北面，面向相邻的土地，所以其等级稍做下调，檐口线脚的设计加以简化，窗口周边则仅在起到防水作用的窗台及拱心处使用石材，而位于里侧的西面及北面，石材仅被用在设计简化了的檐口线脚、中段线脚及窗台等起到防水、防污作用的部位，其他部位均为砖墙。根据面的位置对外装进行等级区分是日本从古至今共通的设计手法，这对了解、认识当时的街区构成也颇具意义（图3-2-15）。

据说明治时期的砖结构建筑设计，首先要决定砖墙的厚度，然后根据室内尺寸进行砖的配置。虽然根据旧三菱一号馆的原初图及实测图，我们以度量衡制为基础对砖的配置进行了分析，但最终发现仅用上述手段无法推算出砖的配置法则。根据立面、照片对砖的配置进行分析后，辨明了装饰砖的基本配置原则是基于对外观效果的重视。虽然外部饰面砖也是结构体的一部分，但在决定其配置方式时，会优先考虑外观的优美整洁，与根据内墙位置决定的结构砖墙的砖块配置并不一定完全一致。

**精心制作的砖材忠实再现材料的质地**　　拆除旧三菱一号馆时，考虑到今后的移筑而收集了石材与钢材，但关键的砖材却没有得到收集和保管，这可能是认为砖块是结构体的组成部件，包括装饰砖在内，无法保证拆解收集的部件可以被再利用的缘故。虽然在部分留存的窗框石上附有残留的装饰砖，但仅根据这些零碎的材料无法充分了解旧三菱一号馆中使用的砖材的质感。

旧三菱一号馆最后的租户为富士电机，当时的社员田部明曾收集旧三菱一号馆的资料，并撰写成书。在对他的访问中，得知其公司的役员室内完整保存着旧三菱一号馆的外墙装饰砖，承蒙富士电机的厚意，设计团队得以借用在再

图 3-2-15　旧三菱一号馆 里侧的样貌（1968 年拆除前）　照片提供：三菱地所

现研究工作中。由此，开始了对原初砖材的详细分析。

砖块背面刻有樱花花蕾的印记。据这个领域的专家水野信太郎博士（浅井学园大学教授）的鉴定，辨明了这种砖为小菅集治监（现 小菅刑务所）制造。明治初期，东京没有大规模的制砖工厂，需求量大的砖材多为小菅集治监制造。虽然日本砖制造厂（埼玉县深谷市）在砖的需求量逐渐增大的背景下于 1887 年（明治二十年）成立，并以生产丸之内东京站用砖而闻名，但旧三菱一号馆还是选择了实际业绩更多的小菅集治监，由当时的账单可以得知，三菱二号馆的用砖为日本砖制造厂生产（图 3-2-16）。

旧三菱一号馆的装饰砖表面没有光反射，质感湿润、光滑。明治时期的制砖是逐一从木模板的上部夯入黏土，将溢出的部分除去后，撤去木模板，继而成型。成型所需压力并不高，木模板与砖块间也没有磨痕。在现今的日本制砖工厂中，黏土被机械压入金属模具，压出时再被切分成形。这种制法与明治时期的相比，即使成品能够达成相近的色调，也无法再现相似的质感。也就是说，为了实现与当初相近的质感，不能采用切分成形的方法，而必须采用逐一木模成形的方法（图 3-2-17）。虽然恢复砖的旧制法并非不可能，但若达成制作 230 万块的数量则非同寻常。

在中国，依然留存有能够使用上述做法制砖的工厂。中国上海以西，有一处被叫作“太湖”的大型湖泊，其西岸一带为生产砖、瓷等烧结材料的区域。我们得知在其中长兴的一家制砖工厂中，依然留存有用木模板进行单品砖制造的生产线。在这家工厂的合作下，通过反复尝试，完成了色泽与质感都接近原型的砖块。最终，为了提高生产量，联合附近的其他工厂一起合作，开始了总数 230 万块的砖材的制造（图 3-2-18）。

下面就制砖工程进行说明。原料土使用工厂惯用的当地土壤，虽然也曾试图坚持请工厂烧制日本的土壤，但对于用惯了当地土壤的中国工厂来说，极为勉强，最终通过混合当地的多种土壤，对颜色加以调整。明治时期的制砖，据说是通过使黏土从上部向木模板塌落的方式将黏土压入，但中国工厂使用的黏土含水率低，所以采用了在木模板中堆土后用木槌夯入的方式。原装饰砖底面的背纹，增强了砖的附着强度，在再现中，为了得到同样的背纹，采用了放置金属模具再行夯锤的方式。砖的脱模方式并非将黏土从木模板中压出，而是逐一拆解木模板——这是再现砖表面润泽质感的关键（图 3-2-19）。

图 3-2-16　旧三菱一号馆的原初砖块
（带背纹的 * 装饰砖）

图 3-2-17　使用木模板制作的砖块

图 3-2-18　制作再现砖块的中国长兴的制砖工厂

* 为使瓷砖和砖块容易附着黏合砂浆，而使其背面呈凹凸不平的形状。

成形后的土块经过一段时间的干燥，在1000℃的窑炉中烧制24小时。这个工厂的窑炉使用的燃料为石炭，由于不是近代的煤气窑炉，其温度的微妙变化能够达成预期的不均匀色泽，但同时其精度也会出现偏差。明治时期的装饰砖，在当时的制造技术条件下，在尽可能提高其精度的同时，也会出现色泽不均匀的现象，而在现代高精度的制造工艺中，如何有意识地达成色泽的不均匀，则成为需要攻克的难关。对制砖工厂同时要求以毫米为单位的尺寸精度及色泽的不均匀，在制作者看来是很矛盾的事，为了使语言及文化完全不同的中国工厂理解这种不同寻常的要求，费了相当大的精力。我们虽然遭到了不计其数的反驳，但经过对再现建筑及其意义的诚恳说明，虽然国情不同，但工匠精神相通，最终我们的要求被理解和接受。另外，制砖的品质管理依然极为重要，工厂中常驻第三方的检查人员，对砖块进行全数彻底检查。制砖花费了1年多的时间（图3-2-20）。

中国的制砖工作波澜起伏，有整晚也说不尽的话题，在这里介绍其中的一则插曲：我们为检查产品曾多次访问工厂，其中一次，在抵达长兴后，厂长对是否去工厂表现出犹豫不决。在我们的坚持下，抵达工厂，发现窑炉已经崩塌。据说是在前几天的大雨中，窑炉上的屋面出现漏水，水落入窑炉中，导致水蒸气爆炸。这种事故的出现导致不得不延长制砖工期。

**如画卷般的砌砖工程场景**　如此大规模的砌砖工程在现代的日本已无经验留存。在开始砌砖前，首先需要绘制砌筑图纸。在英式砌法中，砖的长面与短面交互排列，且上部较下部有一半错位。相关的详图纸，各层平面均要绘制2段，全部墙面的立面详图也要进行绘制。此外，在图纸中，外装石材、承梁石、门洞等开口部位上部的砖拱或过梁、用于固定钉子的木砖[25]、管道贯通洞口处的过梁、配管配线所用的套管（金属制）、固定锚件所用的金属片，以及在砖墙砌筑时需要植入的部件等均需绘制（图3-2-21）。

由于用砖或石材砌筑而成的墙体结构在砌筑完成后很难再设置计划外的洞口，所以在砖块砌筑图纸完成之前无法开始砌筑工作。仅上述图纸的绘制，与砖块的烧制相同，花费了约1年的时间。

除砌筑图纸外，另一个课题是砌砖工人的确保。在砖结构建筑业已衰落的

25　指为了固定内装材料或门窗等的钉子，与砖块同大并一同砌筑的木块。

图 3-2-19　砖块再现制作时使用的木模板及木槌

图 3-2-20　制作后铺排的烧制前的再现砖块（中国长兴制砖工厂）

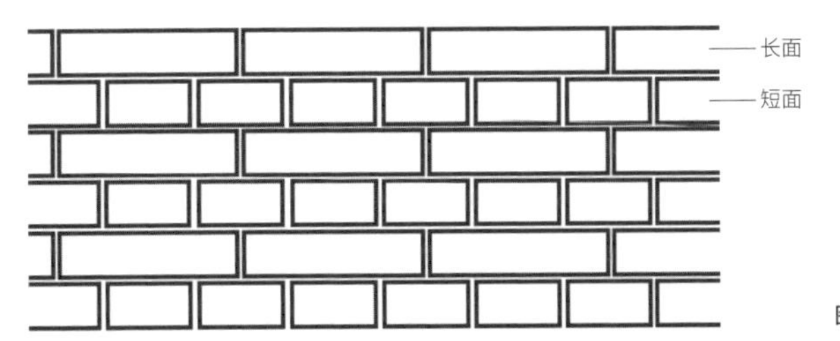


图 3-2-21　英式砌法

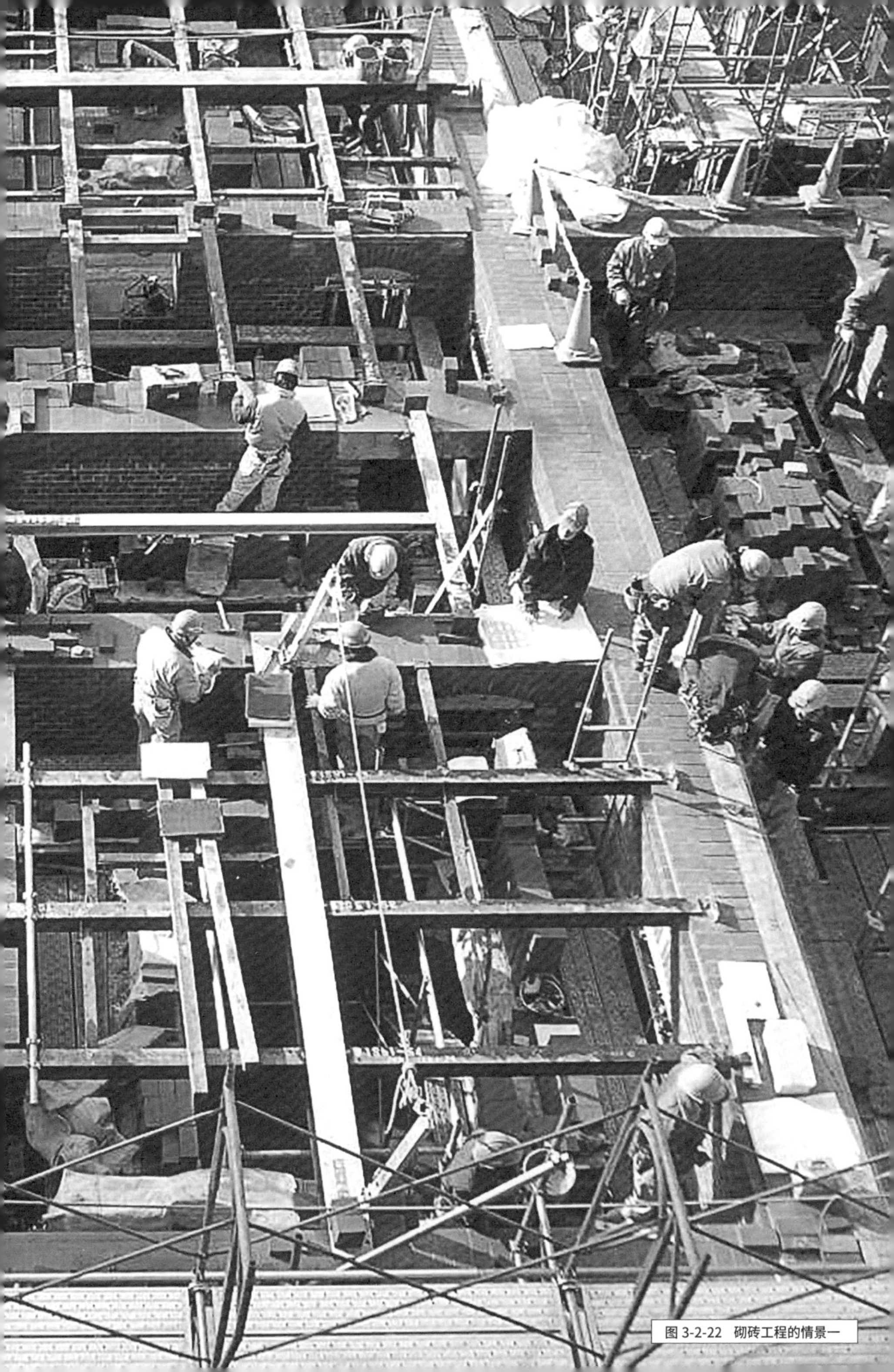

图 3-2-22　砌砖工程的情景一

现代日本，专门的砌砖工人当然也为数不多，为了完成 230 万块砖的砌筑，不得不从平时不做砌砖工作的工匠中挑选人员。现在的砌砖接缝标准宽度为 10 毫米，而为了达到再现工程砌筑 7.5 毫米（二分五厘）的缝宽要求，即使是熟练工也需要进行练习。装饰砖的砌筑工作，对速度及精度均有高要求。为此，从全国募集工匠的候补人员，并实施相关的技能测试，从中选拔出达到所需技术要求的工匠，由其中技术高超的工匠负责装饰砖的砌筑工作。通过安全帽的颜色，区分装饰砖工匠、结构砖工匠，以及名为“手元”的辅助工。

在图 3-2-22 的照片中可以看到这一块一块堆砌而起的手工作业，多名学者看到这个情景，均赞叹“宛若古时的画卷”。使用脚手架支线确定垂直与水平，以此为基准逐一堆砌。水平线的设置齐平于被砌筑的砖层上端，所以砖块砌筑时可以保证上端对齐。另外，由于砖层的下端会随具体情况而变动，所以根据砖块的精度，下端会出现微小的凹凸。

在确定砖块拼缝精度的标准之前，我们调查了数栋著名的砖结构的历史建筑，测定其拼缝宽度的波动情况，发现砖块精度不高会导致拼缝宽度出现相当大的波动；但是，在著名的历史建筑中，这种影响却并不明显，拼缝呈笔直相通的状态。推测其原因，应该是砌筑相邻砖块时会选择在高度方向上尺寸相同的砖材，或是在砌筑后安放金属构件，并用铁锤锤击切去砖块端部的做法加以处理。这样，即使拼缝的精度较低，通过对齐相邻砖块角部位置，就可以使拼缝看起来是笔直贯通的。在这次的再现工程中，虽然努力通过提高装饰砖的形状精度来实现上述效果，但砖层的下端（拼缝的上端）依然不可避免或多或少会出现凹凸不平的情况（图 3-2-23）。

**石材的选择与加工的讲究**　旧三菱一号馆的外墙使用的石材有两种：用于窗框、线脚、角石等处，带有雕刻的安山岩是采掘于伊豆半岛（静冈县）通称“伊豆石”的一种横根泽石；用于基座的白色花岗岩则是采掘于濑户内海北木岛（冈山县）的北木石。由于原初的窗框石材得以被收集和保管，能够准确判断其为横根泽石，但基座石材并未有留存，所以只能推测其种类。虽然拆除调查时的报告书中记录基座石材为稻田石，但由于当时稻田石并未作为建材流通，所以推断这个记载并不属实。因此，石材种类被限定在了当时由船运并用于建材的白色花岗岩北木石（冈山县）。

图 3-2-23（上）砌砖工程的情景二

（下）砌砖工程的情景三（窗洞处拱券）

横根泽石，现已停止采掘，因此不得不选择颜色纹理相近的替代品。我们比较了从日本各地收集的淡灰色的安山岩，最终选定了最为相似的江持石（福岛县横须贺市），而北木石现在在濑户内海北木岛依然有采掘。

在江持石的原石采掘场中，原石被采掘并分割为可以搬运的尺寸。由于江持石的色彩不均，纹理分明，需要根据使用部位对石材分组处理，因此石材被搬运到加工厂之前，在原石采掘场中需要逐一观察、判断其合适的使用场所，由此决定使用位置并进行编号。北木石是质地安定的花岗岩，因为已经确保了过去采掘并妥善保管的板材，所以可以从中选用。

为了加工处理如此多样的石料，石料被运至中国福建省泉州（厦门附近）的工厂。在石材加工厂中，按图面将石材切分出各种部件，并进行表面处理。在明治时期，将石材切割为合适的尺寸后，凿制成形，最后用铁质铲刀、刮铲使之表面平滑，这被称为“小叩加工”。旧三菱一号馆的安山岩即为小叩加工，北木石的基座为出瘤加工[26]与小叩加工的并用（在现代加工工厂中，石材被切分后使用电锯而非凿制成形）。为了赋予石材与历史建筑同样的质感，这次再现工程也对石材采用了与之前相同的小叩加工方式（图 3-2-24）。

细致的雕刻装饰部分，由于原初的材料没有得以保存，因此再现是根据照片进行的。放大照片进行分析，并参考相似建筑的雕凿深度及雕边效果，制作黏土模型，继而送至工厂生产试件，试件完成后，进厂进行形状的最终调整。在整个过程中，设计者与实际动手制作的工匠间的交流非常重要。石材装饰部分的雕刻可以说是工艺品，是工匠在理解设计师意图的基础上，亲手制作的作品。因此，设计者的意图与制作者的感性的磨合非常必要。为了实现目标，不仅要通过图纸，更需要通过与工匠的直接对话去实现理念的传达。

加工后的石材被运回日本。在现代建筑中，由于石材仅是装饰材料，没有结构作用，通常会垒附于完成后的结构墙体上，或安装于架设的龙骨上，但在砌体结构中则不然。在砌筑工程中，砖工与石工需随时交替轮流作业。

拆除时采集并保管于开东阁的原初的窗框石材，通过形状可判断其曾位于二层，被安装于再现后西侧外墙二层的窗洞处。不管多么忠实地再现，不与原物并置，也无法传达建筑与设计的忠实性。原物的存在赋予了再现材料以生命（图 3-2-25）。

26　一种石面加工方法。用施工锤切削使石材表面呈凹凸不平的粗糙样态。

图 3-2-24　石材小叩加工的情景

图 3-2-25　再利用的旧三菱一号馆原初的窗框石

**木屋顶结构的实现与复杂屋顶的再现**　　屋顶的再现设计尤其艰难，这是因为拆除时的实测图只有梁面、檩条的布置平面及部分剖面，再现工作还必须验证屋顶坡度的尺寸并分析相关细部的处理，此时，拆除时的现场照片对上述工作起到了非常大的作用。也就是说，由于图纸记录的信息有限，如果没有拆除时的照片做参考，忠实的再现会非常困难。负责相关工程的工匠，除了根据小屋顶的再现设计图绘制了各部件制作图，还制作了整体结构模型进行研讨。这种借助模型进行研讨的方式非常有效，在确认架构[27]及部件的连接时起到了很大作用。Conder 的弟子片山东熊[28]设计京都国立博物馆（1895 年竣工）时，从设计到施工的过程中留下了很多史料，在这些史料中也有小屋顶结构的模型，由此可以推测，当时的人们也使用了同样的程序进行相关研究。

基于照片及实测记录，我们对部件连接部分使用的金属连接件也进行了再现。关于螺钉，为了符合现行的建筑基准法，在当时的工艺上附加了现代做法，兼顾历史的继承与强度的确保。

加工而成的部件在工厂中做临时组装，对接头等细部节点进行最终验证。对于组装而成的桁架，施加规定的荷载以确认其变形量。符合卡车运输尺寸限度的桁架在工厂中组装完成后，被运输至现场。桁架在现场地面上安装好顶点部件后，使用起重机逐面吊装。之后，安装连接桁[29]的檩条及椽条，张贴垫板[30]，至此完成铺设屋面前的工作。原初时的建筑在垫板上部直接铺设屋面瓦，在再现中为了强化防水性能，在屋面瓦下加铺了防水层。

在防火地域内的木屋顶结构建造不符合建筑基准法的做法规定。因此，屋顶整体必须取得耐火认定，以确认是否在屋面结构与吊顶之间有效形成水平向的 1 小时、2 小时耐火防火分区。在擅长历史建筑火灾安全设计的长谷见雄二博士及专门顾问的协助下，我们对屋顶两种基本做法——① 铺设 3 枚 12 毫米厚的石膏板（2 小时耐火），② 使用耐火玻璃（1 小时耐火）——均进行了耐火试验。实物大小的木屋顶结构模型试验体被安置于试验炉中，其下部以

27　此处专指建筑结构的骨架。由柱、梁、楼板等组成的基本结构部分。

28　片山东熊（1854—1917 年）工部大学校的建筑学科一期生，Josiah Conder 最初的弟子之一。在宫内省中参与了赤坂离宫（1909 年）等多项宫廷建筑工程。

29　桁是与屋顶最上部的脊檩相平行，支撑屋顶荷载的水平材，其长度方向被称为“桁行”。与桁垂直相交的部件为梁，其长度被称为“梁间”。

30　铺装屋顶面材（瓦或石板瓦）的木板基材。

950℃高温加热 1 小时或 2 小时，如果防火分区上部的木材未达到着火点，就说明设计成功，否则，就不得不进行大幅度的设计修改，这是左右木屋顶结构再现是否成立的关键。最终在相关人员屏气凝神的关注中，试验取得了成功（图 3-2-26）。

屋顶铺设石板瓦及铜板，顶部装设脊饰及避雷针。石板瓦是利用粘板岩易分裂为平板状的性质，而制作成的屋面材，由当时的史料可判断其出产于宫城县雄胜（石卷市雄胜町）。雄胜町自古为粘板岩的产地，现今也有砚及天然石板瓦的生产; 但是，由于作为屋面材的天然石板瓦仅在文化财产修复时才有需求，因此从事其生产的工厂只有一处，而且规模小，仅有数名高龄工匠。非常遗憾没能得到这家工厂的协助，最终仅将设法筹集到的雄胜产石材用在正面中央小屋顶处，其他则在生产力较强的西班牙产的石材中选择了相近的替代品。雄胜的这个工厂原计划也会供应丸之内东京站部分屋面材料；但是，工厂在 2011 年（平成二十三年）3 月 11 日发生的东日本大震灾引起的海啸中被毁，现今依然处于关闭状态。因此，对于这项工程，虽然仅有极少的面积，但能够使用雄胜石板瓦铺装也算是幸运了（图 3-2-27）。

在铺设石板瓦的屋顶边缘、檐沟、装饰性老虎窗等处都使用了铜板。铜板耐久性高，且柔软易加工，自古以来就被用于有防水要求的建筑的各个部位。为防止水的渗入，对铜板进行曲折加工并相互连接，固定于作为基材的木料上，屋顶的老虎窗也是在雕刻而成的木制基材上覆以铜板制作的。铜板在现今的寺庙神社的修补中依然需要，因此其传统技术得到了可靠的继承（图 3-2-28）。

屋脊的装饰及避雷针虽然被大量采集和保管，但因为生锈，腐蚀严重，无法被再利用。由于原物的留存，使正确地辨识其复杂的形状成为可能。屋脊装饰为铸铁，是应对了重复生产特点的合理的制造方式；避雷针为锻造，根据屋顶的高度，其大小各有不同，且数量较少。两者均采用与当时同样的制造方法进行了再现；但其固定于屋顶的方法，出于安全性的考虑，做了补强。

在屋顶四角形砌筑的砖材上，露出若干陶制的烟囱。每根烟囱均通过烟道与一处暖炉相连，因此仅通过烟囱的数量就能推测其下部存在的暖炉。比如从地下一层到三层在同样位置均有暖炉时，在所对应的屋顶上就出现 4 根烟囱，若隔着墙壁两侧均有暖炉，上面的烟囱就会变为 8 根。在旧三菱一号馆后期的照片中可以看到，陶制烟囱的周围被混凝土包裹固定，应该是为防止地震导致

图 3-2-26　再现的木屋顶结构

图 3-2-27　屋顶石板瓦铺设施工的情景

图 3-2-28（上）屋顶老虎窗的再现（木质基材）
（下）屋顶老虎窗的再现（铜板金属）

折断掉落而采取的措施。在这次再现中，虽与原初同样采用陶制的烟囱，但为了解决地震问题，在其内部置入钢骨加以固定。再现后的烟囱不再作为烟囱使用，其烟道被合并、扩大后，用作空调管道。

**木制门窗的再现与旧玻璃的再利用**　旧三菱一号馆的外部门窗为木制，窗户的做法为：木框，油泥固定玻璃，仅楼梯间为上下推拉式，其他为左右内开。在此次再现项目中，由于原初木质框料的树种不明，考虑耐水性采用了柏木；由于担心油泥硬化后，在地震时玻璃有可能破碎，采用了用金属件及密封胶做固定的方法。密封胶的剖面形状与油泥相同，为三角形。

源于手工作业等建造方法，历史建筑有一种由工厂制品组装而成的现代建筑所没有的质感，这是历史建筑的魅力之一。窗户作为历史建筑的“表情”元素，其重要性可想而知。古老的玻璃制法造成的玻璃翘曲，为其反射的影像带来摇曳的效果，能使观者更加舒适、放松。

明治时期的玻璃以被称为“手吹圆筒法”的方式手工制作：先用吹杆制作长向圆筒状玻璃后，再用切割工具切分，并加热使玻璃铺展为板状。然而，现今用这种方法制造大量玻璃已变得非常困难。在进行旧三菱一号馆的再现时，东京站前新丸大厦（1925 年）的拆除工程也在进行。新丸大厦的玻璃虽为第二次世界大战后生产，但制法仍为初期的工厂制法，所以依然有翘曲的特点。于是，除了尺寸特别大的，在再现旧三菱一号馆时使用在内外门窗中的玻璃，基本上再利用了新丸大厦的旧玻璃。

或许也会有这样的评论：“使用战后而非明治的方法制作的玻璃，虽然可以达到古旧的效果，但在复原时期的设定上难道不是没有取得一致吗？”但是，可以再现明治时期玻璃的摇曳效果，在历史建筑的鉴赏上是更加重要的因素，虽然时期有所不同，但出于最终效果的还原，古旧玻璃活用的做法应该是可以被理解的。

## 3.2.5 三菱一号馆的内装

**旧银行营业室的再现**　面向马场先大街的 3 处玄关之中，东侧玄关内部有宽敞的通高大空间，这曾是三菱本社银行部的营业室。在 1968 年（昭和四十三年）拆除前，这个通高空间的二层已经被铺装上楼板，与一层同作为出租办公室使用。在当时的照片中，可以发现二层办公室空间与本来应在很高位置的柱头装饰及格子吊顶很近，呈现出奇怪的状态，这是在维持原初样貌不变的条件下增加或改变了使用功能造成的。从对这个状态的实测图上，已无从得知原初回廊、柜台、楼板饰面、照明器具等信息；但幸运的是，原初的内观照片还有保留，以此为根据得以对内部空间进行再现（图 3-2-29）。

银行营业室的木制格子吊顶与支撑三层楼板的 6 根独立立柱相协调，柱头施有细腻的装饰。通过分析 1968 年拆除工程时收集保管的柱头装饰的木材成分，可以判断树种为栲属，因此在再现工程中，采用了在文化财产修复方面有使用先例的栲属水曲柳。饰面采用清漆涂料，柱脚、柱、柱头、格子吊顶、墙裙饰面板、门窗等均为同种饰面。6 根独立立柱的柱头装饰均以留存的原初用材为根本，由雕刻家花费长时间手工作业制作。在剥除当初涂料对形状进行确认时，发现在以卷草叶为主题的部分，雕有虫蛀的痕迹，这应该是当时匠人的游戏之举。对于回廊，推测应该是为通高空间上部窗户的开启及维修管理而设置的，在再现时参考了原初的照片及同时期银行建筑的实例。另外，由于担心回廊上人时其支撑托架[31]的强度不足，再现时在保持托架外形不变的前提下，通过加大厚度来补强。

银行营业室墙壁周圈为墙裙饰板，上部为灰泥饰面。柜台护板与房间周圈使用同样的木材，顶板也为木制，柜台上立有黄铜与玻璃制成的屏风。再现的依据为原初银行营业室的照片以及具有同样做法的三菱二号馆的室内照片，参考实例有 Conder 的弟子佐立七次郎设计的旧日本邮船小樽分店，以及辰野金吾设计的旧日本银行小樽分店中存留的木制柜台。

关于门斗，由平面图仅能判断其位置及大小，其设计特征却无法找到依据。在这种情况下，虽然不做再现，以现代风格的设计及材料重制的做法也合情合理，但在周边几乎都得到再现的环境中放入不协调的现代样式的门斗，一定会辜负

31　固定在墙面上的支撑材，有时也指固定在墙面上的照明器具。

图 3-2-29　旧三菱一号馆的银行营业室（原初的照片）　照片提供：三菱地所

来参观建筑的访客的期待。因此，我们以当初的平面图为基础，同时参考中央玄关大门的设计思路，以及旧日本邮船小樽分店木制门斗的做法，实现了对门斗的再现。

关于银行营业室的地面材料，集客区[32]贴英国明顿公司产的瓷砖，办公区为木地板。由于没有留存有关瓷砖及木地板拼接方式的依据，设计参考了当时的照片、Conder 设计的其他实例，以及明顿公司当时的产品目录，选用了 MAV&Co. 品牌的瓷砖做替代，这是与明顿同源于维多利亚时代的品牌，在英国也经常被用于对明顿材料的修补上（图 3-2-30）。

关于照明，包括悬挂吊顶上的枝形吊灯、固定于墙面上的壁灯，以及柜台屏风上的灯具。通过对比最初及稍后时期的照片，可以发现玻璃灯罩的形状有所不同：最初的灯罩球体上部被水平切削，而稍后时期的灯罩则为完整的球体。这表明最初的灯具为瓦斯灯，而仔细观察扩大后的照片还可以发现，在灯具的支架处安装有栓具。于是，营业室的照明按照原初瓦斯灯的形状进行复原，但由于室内要避免明火，没有使用瓦斯灯，使用了电灯。

此外，为了尽量避免改动吊顶和墙壁，更新后的空间在功能上所必需的空调出风系统，通过在回廊上部排布管道来实现（图 3-2-31）。

**两处楼梯的再现**　旧三菱一号馆的楼梯有两处：三菱本社区域的中央楼梯正对玄关入口，砖砌拱券上铺排石阶，三层最上部的扶手使用石材，等级很高，楼梯宽度和倾斜角舒适，符合现行的建筑基准法。租赁办公区的楼梯在进入各玄关后的正面，由铸铁等部件装配而成，宽度较窄，不符合现行建筑基准法所规定的避难楼梯的标准。上述楼梯均未形成类似楼梯间的竖井分区（图 3-2-32）。

再现设计中，租赁办公区的楼梯不作为建筑基准法上所要求的避难楼梯使用，只需满足竖井分区的要求，因而通过将楼梯平台处的门窗由当初的木制变更为钢制形成竖井分区。由于三菱本社的中央楼梯与中部走道形成了一体化的空间，若在楼梯与走道之间附加防火门或防火卷帘，将致使空间设计极难处理。于是，在火灾安全设计专门顾问的协助下，通过取得大臣认定，使此处楼梯间的竖井分区要求得以放宽，具体的措施为：火灾时通过加压防排烟，使得楼梯间与走道保持正压，从而保证出火点房间的烟气不会蔓延至避难路线；走廊房

32　指银行营业室柜台前的接待区。

图 3-2-30　咖啡空间再现了旧银行营业室的内装　© 村井修

图 3-2-31 躯体工程完成后的咖啡空间（旧银行营业室）

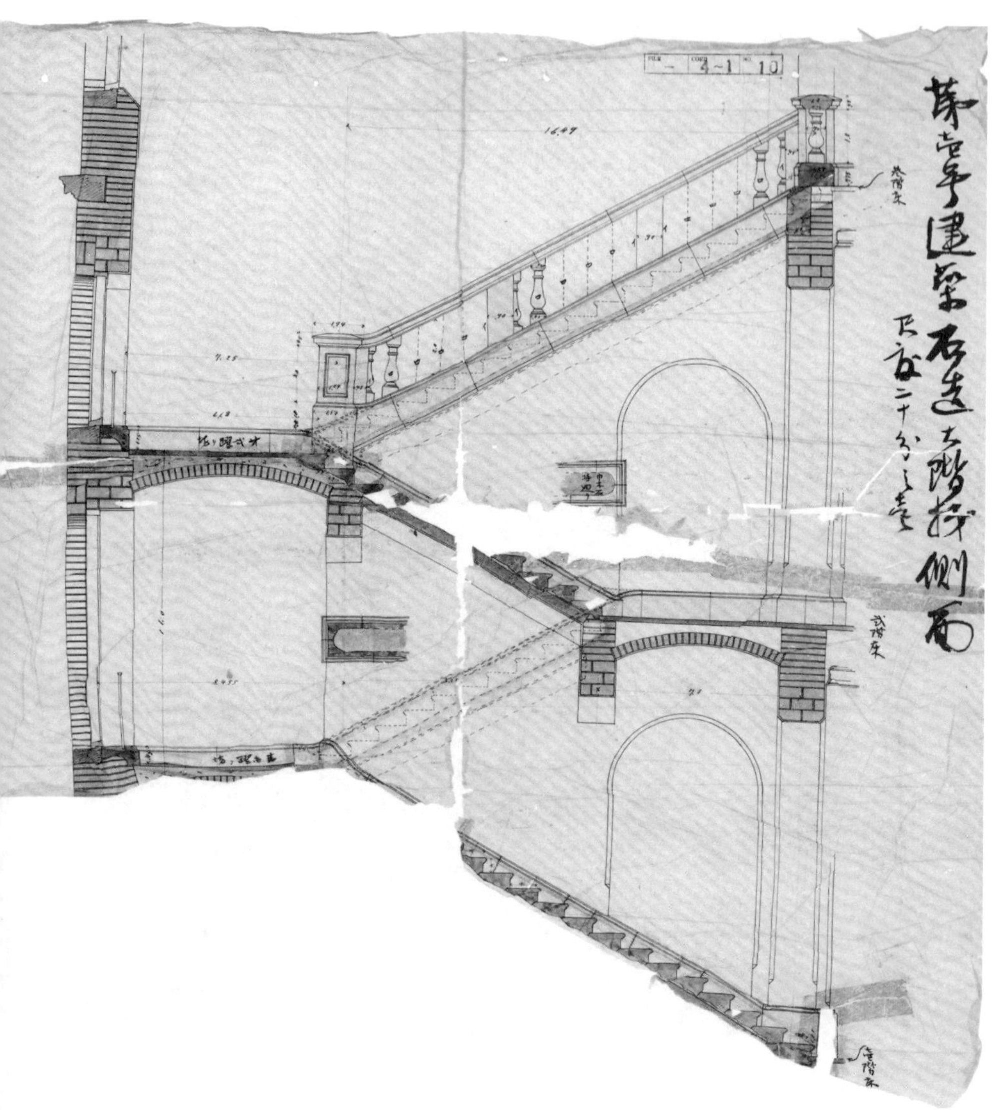

图 3-2-32　旧三菱一号馆 中央楼梯的剖面图（原初图）　照片提供：三菱地所

间之间的门窗由当初的木制变更为钢制；走廊的吊顶由当初的木制变更为装饰木纹的硅酸钙板（不燃材料）。如此，通过对一部分材料的变更，将历史建筑空间形态的变更控制在最小限度。

关于中央楼梯最上部的石材扶手，当初的石材为从伊豆半岛采掘的青石，部分扶手及栏杆曾被收集保管，而且留有标号，表明其位置的图纸也有留存，所以能够逐一确定并恢复至原位置。中央楼梯最上部的扶手及栏杆中稍带灰色的石材为继承自旧三菱一号馆的原始材料。由于伊豆青石现已无法获得，对于缺失的扶手及栏杆，选用了与其相近的中国产五云石代替。从一层走廊至中央楼梯的梯段及平台处铺设的地面材料同为伊豆青石，由于当初材料未有留存，所以也选用五云石作为替代（图 3-2-33）。中央楼梯三层最上面的扶手与栏杆中略带灰色的石材继承于旧三菱一号馆原初的青石。

**对砖结构建筑构成的展示**　　旧三菱一号馆在拆除前的 74 年间一直被作为租赁建筑使用，虽然玄关、走廊、楼梯间等公用部分的改变较少，但作为租赁办公使用的各房间则不断发生着变化。再现对象被确定为能够呈现当时状况的银行营业室，改变较少的公用部分，以及 1 间办公室。三菱本社区原初暖炉的成套石材曾被收集保管，对其进行修补后再利用。通过拆除调查时的实测，认定暖炉及格状吊顶均保持原有状态未有变化，所以对它们也进行了再现。

关于砖砌结构，即使做了忠实再现，如若内装均用饰面材料，其结构的构成也会被掩盖。因此，在一层的两间房间——三菱一号美术馆的售票处及美术馆商店的房间中，除了地板以外，墙面及吊顶均未加设饰面材料，直接展示躯体的本体骨架：砖墙中呈黑色的砖块为木砖。高于地面约 20 厘米沿横向呈点状排布的木砖是为了固定踢脚[33]，在装设吊顶的位置排列的木砖是为了固定吊顶边线[34]，门洞开口周边的木砖则是为了固定装饰框材——木砖对应着各处部件的固定用钉材。外部窗洞的上部砌筑有砖拱，为固定窗框，在其下方横置了木过梁。砖墙上嵌有被称为“梁受石”的白色花岗岩，铁骨梁则从上方插入，再往上还能看到梁上铺设的防火波形折板的楼板。除了这两处房间以外，卫生间及电梯井等处也露出砖砌的结构墙体（图 3-2-34，图 3-2-35）。

33　装设于墙体最下部的饰面材料。起到了保护易损的墙体下部的作用。

34　在吊顶与墙体相接处，固定于墙体上的装饰材料。

图 3-2-33

（上）再现后的中央楼梯（部分扶手及栏杆再利用了原初的材料）

© 村井修

（下）再现后的租赁办公区铁制楼梯

© 村井修

图 3-2-34 （上）再现后呈现出的屋顶内部
图 3-2-35 （下）展现了再现后的砖墙与板、梁、窗等细部节点的房间（售票处）
© 小川泰祐摄影事务所

## 3.2.6 活用为美术馆

**应活用的需求引入新的功能**　再现后的三菱一号馆，不再为原初分栋长屋式的办公用途，而是被活用为对公众开放的美术馆。关于活用要求带来的整备，确定了尽可能加以限定的方针。

首先，必须整备避难设备，其瓶颈在于租赁办公区的楼梯不满足现行法律所规定的楼梯宽度。研讨后的结果是，在建筑物的背面附加避难楼梯与走廊，同时也起到在一层中庭一侧入口的功用，在这里同时设置了用于搬运美术品的大型升降机。由于以上部件在原初并不存在，为表明其为现代的添加部分，外装设计上使用了透明的玻璃，透过玻璃可以看到砖砌外墙。

其次，出于无障碍设计以及活用的需求，必须加入电梯、卫生间，以及诸多设备用房。不将这些功能设置于建筑内部，而是像建筑物背面附加的避难楼梯一样设置于建筑物外侧，从而将对建筑内部的改变控制在最小限度——这种方法合情合理；但是，再现工程设计计划在建筑背面设置庭院，砖砌外墙将作为庭院的借景，尽可能加以展现，所以从通过再现传达历史价值的观点来看，在背面外墙上增设附加物并不合适，而上述功能上的要求最终通过利用建筑内的后部用房加以实现。空调设备的给排气口没有设置在外侧（马场先大街，大名小路），而是利用内侧外墙上的门窗或老虎窗协调纳入建筑之中（图 3-2-36，图 3-2-37）。

由于美术馆的观览动线为横穿展示空间的巡游方式，因此需要在房间之间设置开口。旧三菱一号馆为分栋长屋形式的办公建筑，租赁办公区中并没有中廊贯通，而在美术馆功能所需要的地方也不一定会有现成的门洞开口。原初的设计通过预设砖拱的方式实现墙体开洞，从而满足租赁办公对灵活性的要求的做法被有效地活用在再现工程中，实现了展示室之间的流动。在墙壁上没有砖拱却不得不新设开口的位置，加入现代材料 PC（预制混凝土）过梁，并表明其并非原初的部件。

**像套匣一样在旧建筑中创建展示室**　再现明治时期的砖结构办公建筑，活用为美术馆，以展示重要文化财产级别的美术品——这种挑战如同给古董车装上现代的赛车发动机，并让其安全行驶一样。美术馆的展示室需要高效的空气环境

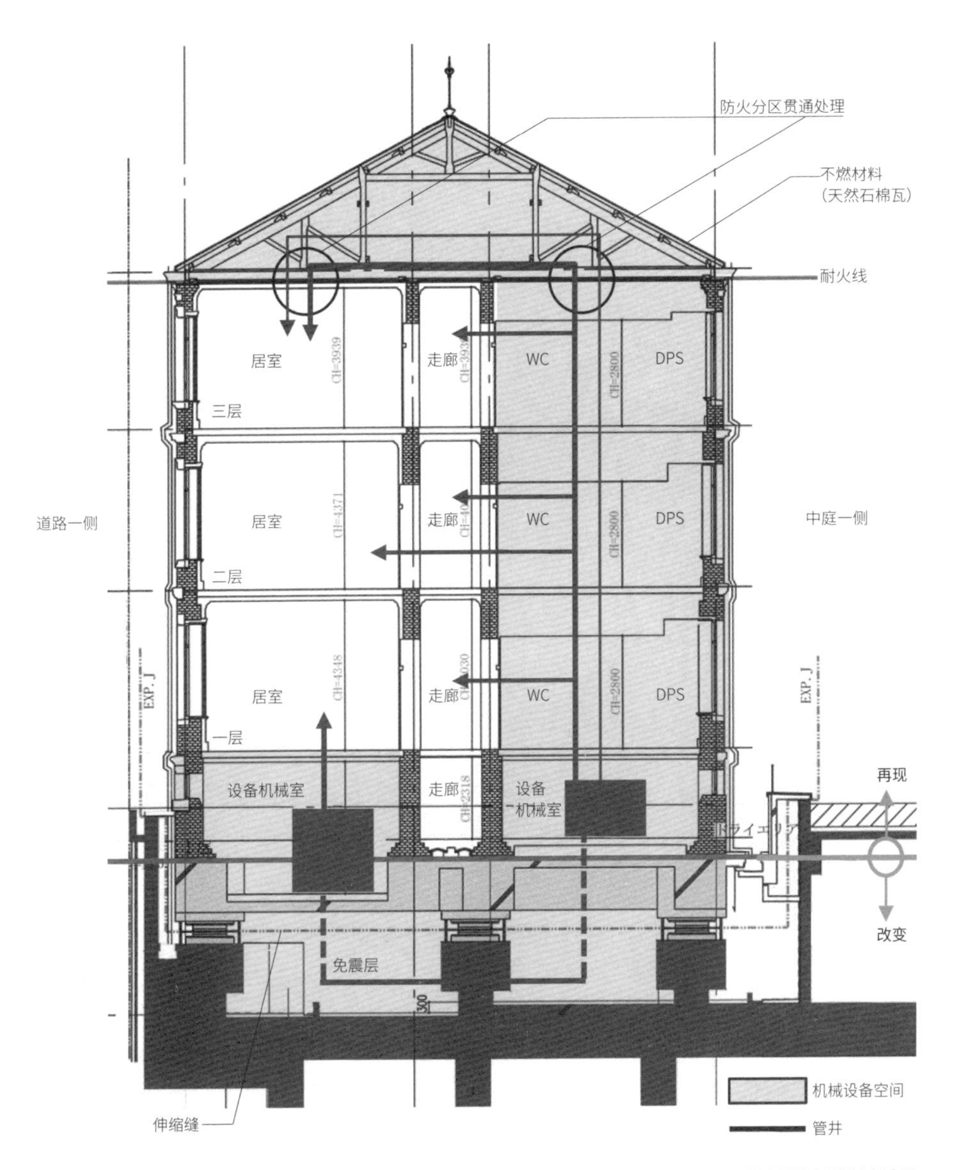


图 3-2-36　活用于美术馆的空调设备概念图

图 3-2-37　为符合现行法律而附加的楼梯　© 村井修

控制系统：为了防止美术品的劣化，必须遮挡外部光照，并对温湿度环境进行高精度的控制。在实现上述功能的同时，还必须保证不损害再现后的内部空间。对应上述要求，工程确定了如下的基本方针：首先进行再现，然后像套匣一样在其中附加美术馆所必要的设备。

空调机被设置于地下一层及屋顶内部。一层可以从地下一层，而三层可以从屋顶内部分别接通管道，这样，再现后的走廊内部空间以及作为展示室使用的旧办公室的吊顶都可以保持原状不变。只有二层无法实现从上部或下部的供给。为了不改变再现后的走廊吊顶，在展示室相邻的位置设置了空调机房或管井空间，所以仅二层展示室的吊顶有所下调，未进行再现。

在三层的展示室中，吊顶及壁炉装饰[35]有拆除时的实测调查为依据，因而得以实施了再现。

下面对如何使这个旧有的办公空间成为展示空间做介绍。为了阻隔外部空气从气密性较低的木制门窗流入，在内部设置钢窗；展墙独立设置在建筑墙体内侧，以使其不受外界环境中温湿度变化的影响。关于吊顶，虽然想展示再现后的格子吊顶，但这与展示室所必需的机械设备相冲突。为了保证均质的温湿度，空调的吹风口必须分散设置，展示照明的位置也由绘画的位置所决定。由于完全配合旧三菱一号馆办公室的格子吊顶进行机械设备的配置极其困难，所以设计采用了以下的方式：空调吹风口、消防设备、展示照明等机械设备不装配于再现后的吊顶面上，而是设置于名为“设备托板”的金属板上。设备托板与再现后的吊顶相分离，独立设置在其下方。这个做法将机械设备配置在最合适的位置同时，也使得再现后的吊顶更容易被识别。对于观者来说，在想象中抹除附加的墙体及设备托板后，能够很好地得到再现空间的意向（图 3-2-38）。

**创生建筑围绕的街区小公园**　　以前，旧三菱一号馆的背面是停放马车、搬入石炭的杂用空间。在这次再现中，这里被整备为一处街区小公园——挨着红砖建筑的舒适的庭院。

向地下层搬运物品的 dry area[36] 以及租赁办公区卫生间附屋的一部分也得到了再现。在附屋中，设置了对应无障碍要求的高差消解用电梯。庭院中的外部

35　英文为 mantelpiece，围绕暖炉上部及侧面的装饰框。

36　日式英语，指与有地下室的建筑物外墙相接的空壕，能起到地下室防湿、通风、采光的作用。

图 3-2-38　三层东南角的展示室　© 村井修

照明再现了明治时期马场先大街上的瓦斯灯——夜晚会发出瓦斯特有的摇曳灯光。庭院中植有数十种英国（Conder 的祖国）oldrose( 玫瑰 )，且有雕塑灯艺术作品的展示。此外，为了尽量拓宽庭院，塔楼基座处设计为大型架空空间，努力减轻了塔楼的存在感。以三菱一号馆为背景的庭院周边配置有饮食商店，不论工作日还是休息日、白天还是晚上，总呈现出一派热闹的景象（图 3-2-39）。

图 3-2-39　在再现后的三菱一号馆与塔楼之间设置用红砖铺路的小公园　© 村井修

| 历史继承表格 【三菱一号馆】 | | |
| --- | --- | --- |
| 建筑概要 | 【旧建筑】 | |
| | 名称 | 三菱一号馆（东九号馆）（1968 年解体后不存） |
| | 建筑所有者 | 三菱舍 |
| | 用途 | 事务所（三菱本社・租赁事务所） |
| | 竣工年 | 1894 年（明治七十二年） |
| | 设计 | Josiah Conder，曾禰达藏（三菱社丸之内建筑所） |
| | 施工 | 直营 |
| | 结构规模 | 砖砌结构，3 层，地下 1 层，屋顶木结构 |
| | 建筑面积 | 约 5000 ㎡ |
| | 主要的增改筑等 | 旧银行营业厅（2 层通高）的 2 层楼面增筑成为事务所 |
| | | |
| | 【新建筑】 | |
| | 名称 | 三菱一号馆，丸之内 PARK 大厦 |
| | 建筑所有者 | 三菱地所 |
| | 位置 | 东京都千代田区丸之内 2-6-1，2 |
| | 用途 | 三菱一号馆：美术馆 / 丸之内 PARK 大厦：事务所，店铺 |
| | 竣工年 | 2009 年（平成二十一年） |
| | 设计 | 三菱地所设计 |
| | 施工 | 竹中工务店 |
| | 结构规模 | 三菱一号馆：砖砌结构 3 层 地下一层 |
| | | 丸之内 PARK 大厦：钢结构（一部分钢筋混凝土结构） 34 层 地下 4 层 |
| | 基地 / 建筑面积 | 11 932 ㎡ / 全体：204 730 ㎡，三菱一号馆：6496 ㎡ |
| | | |
| 历史价值的继承 | 历史继承的意义 | 作为日本近代办公街区丸之内地区的原点的建筑，在原位置的再现，在近代都市历史的呈现上有其意义 |
| | | ①作为 Josiah Conder 作品的价值 |
| | | ②作为近代办公建筑原点的价值 |
| | | ③在阐明 Josiah Conder 设计思想方面的价值 |
| | | ④作为丸之内办公街区原点的价值 |
| | | ⑤对当时技术的阐明，体验及继承方面的价值 |
| | | |
| 安全性的确保 | 耐震性 | 高度的耐震性（免震结构的采用，使得当初的砖砌结构基本可以得到保持） |
| | 躯体劣化 | 砖、铁骨在保持当初尺寸的同时提高强度 |
| | 火灾安全性 | 小屋组木结构屋顶的耐火认定，楼梯间的竖井分区的放宽 |
| | 掉落等危险性 | 在验证安全性的前提下，尽可能再利用当初的保存材料 |
| | | |
| 机能更新的必要性 | 活用用途 | 美术馆 |
| | 设备·防灾 | 为满足现行法规，活用用途，导入必需的设备 |
| | 无障碍设计 | 电梯，坡道，扶手的设置 |
| | 城市规划 | 墙面控制线的遵守，空地的确保等 |
| | 其他 | |
| | | |
| 历史继承的方针 | 时点 | 以创建时（1894 年）为基本 |
| | 位置 | 以原位置为基本，但由于东侧墙面与地区规划墙面控制线相抵触，建筑向西平行移动 |
| | 范围 | 由于采用免震技术，所以基础部分不在保存范围。通过免震装置，使得上部得以复原 |
| | 结构 | 砖砌结构（含铁带），小屋组木结构屋顶，基础免震（丸之内 PARK 大厦地下构筑物之上的中间层免震） |
| | 外装 | 对当初的忠实再现 |
| | | 砖采用木模版单品制造，尽可能接近当初的颜色与质感 |
| | | 花岗岩采用与当初相同的北木石，安山岩则用与当初的横根泽石相近的江持石代替 |
| | | 屋面瓦以西班牙制品代替（一部分使用与当初相同的雄胜产制品）。门窗框采用与当初相同的木制。玻璃活用旧新丸之内大厦的古材 |
| | 内装 | 可以辨明当初依据的共用部及各房间得以复原。根据法规，安全性，无障碍设计，活用要求，将改变控制在最小限度 |
| | | |
| 诸项制度的活用 | 文化财产制度 | 无（因为是新建建筑） |
| | 城市规划制度 | 都市再生特别地区（无针对再现的评价） |
| | | |
| 日程 | 设计（史料调查） | 3 年 6 个月（2 年） |
| | 工事（二次调查） | 2 年 2 个月 |
| | | |
| 附注 | | 再现研讨委员会：日本城市规划学会及日本建筑学会关东支部 |
| | | 日本建筑学会业绩奖，BCS 奖获奖 |

# 3.3 东京中央邮政局

（以继承先进设计思想为重的对现代建筑的保存）

## 3.3.1 历史建筑与项目概要

**在开发期待与继承期待的夹缝间**　面对丸之内东京站前广场，与红色的古典样式的东京站相对，伫立着一座白色的现代风格的建筑——东京中央邮政局（后文简称“邮政局”）。为了充实邮政局的功能，在与铁道中央站部门共有的站前基地（约 12 000 平方米）上，邮政局建设于 1929 年（昭和四年）8 月 15 日开启，1931 年（昭和六年）12 月 25 日竣工，其结构为钢筋混凝土，规模为地上 5 层、地下 1 层，建筑面积约 36 500 平方米，设计由通信部经理局营缮科的技师吉田铁郎担当。邮政局在长时间的使用中，伴随邮政事业的变化经历了数次增、改、筑。当输送方式由铁道转换为卡车时，邮政局的集配功能消失，针对改善其显著老化和彻底功能更新的问题被提上了日程（图 3-3-1，图 3-3-2）。

以 2007 年（平成十九年）10 月的民营化为契机，除了一直以来的邮政、储蓄、保险服务外，又有多种新型事业成为可能，不动产事业便是其中之一。邮政局的基地为东京站前的一等地，围绕东京站前广场的四大街区中，丸大厦街区、新丸大厦街区、OAZO 街区（旧国铁本社等）三处均已完成了再开发，承担着面向新时代的据点的功能。邮政局重建带来第四处街区的再开发，同样要承担部分的据点功能，而且作为邮政的第一个不动产项目，也有着更为重要的意义。日本建筑学会、日本建筑家协会、DOCOMOMO Japan[37] 等部门对邮政局的保存提出了要求。

为了全面辨明邮政局的历史价值及其历史继承的意义，2007 年，日本邮政委托日本城市规划学会展开相关研究。在《东京中央邮政局历史研讨委员会》（报告书 2007 年 3 月）中，以早先进行的建筑调查（第一次调查）的结果为根据，在建筑的历史价值、安全性、功能的更新等方面进行了讨论，并研讨了历史继

37　指名为“DOCOMOMO”的国际组织在日本的分部，其主要活动是调查、记录，并大力保护现代主义运动中的建筑及其环境（DOCOMOMO=Documentation and Conservation of buildings, sites and neighbourhoods of the Modern Movement）。

图 3-3-1　竣工时的东京中央邮政局　照片提供：日本邮政

图 3-3-2　保存工程结束后的东京中央邮政局　© 小川泰祐摄影事务所

承的方针与手法。

委员会认为，在攻克建筑中存在的问题的基础上，对建筑整体进行保存的方式最为理想；但是，建筑占据了基地的大部分，在整体保存的情况下，会给基地的高效利用带来困难。与丸之内东京站的保存复原计划相同，根据特例容积率适用地区制度，将为了保存历史建筑而无法消化的容积转移至其他基地加以活用，是实现整体保存的前提。然而，经与业主方研讨后，发现实施以容积转移为前提的全面保存方案较为困难，为了在基地中同时实现历史继承与新开发，有下述途径可供选择：侧重于东京站前广场及东京站南口历史景观的继承——“保存北面、东北面各 2 跨的方案”或“北面进深方向 2 跨部分保存，东北面外装再现方案”。最终选择了前者。

完成后的建筑整体被命名为“JP 塔楼”，它使用了城市更新特别地区制度，整合了对地域活性化有贡献的诸多功能。这座建筑综合体于 2012 年（平成二十四年）5 月竣工，得到保存的邮政局由邮政局、国际会议场、博物馆、信息中心以及超过 90 家商业店铺构成，背后的高层栋（38 层）则为租赁办公。

JP 塔楼整体的业主是由日本邮政、三菱地所、JR 东日本组成的共同体，而保存栋部分由日本邮政单独所有，设计为三菱地所设计。塔楼部分的基本设计为 Helmut Jahn，施工由大成建设完成。

## 3.3.2 传达先驱设计思想的意义

**设计者吉田铁郎的设计思想**　明治时期以来，日本为了追赶先进的西欧诸国，学习西欧建筑，并习得了相关技术；但是，到了昭和初期，使用过去的建筑样式整合 facade[38] 的设计手法开始失效，而 20 世纪建筑主流——现代主义建筑开始由欧洲输入。

在设计邮政局的时期，在日本还基本见不到现代主义建筑的先例。当时，隶属通信部经理局营缮科的吉田铁郎（图 3-3-3）被委托设计东京站前的这座大型建筑，在这之前，吉田设计了 1926 年（大正十五年）竣工、1931 年（昭和六年）增筑竣工的京都中央电话局（现作为新风馆被部分保存）——钢筋混凝

38　专指建筑的正面外观。

图 3-3-3 设计者 吉田铁郎

土结构的 3 层建筑。这座建筑整体张贴瓷砖，在立面设计上，采用了壁柱 + 拱券共同形成三层通窗的方式，但仍属于过去的建筑样式系统。

邮政局的设计时间紧接京都中央电话局，其初期方案与京都中央电话局使用了同样的手法，为连续拱券的设计；但在最终方案中，初期设计里残留的古典样式痕迹——拱券消失不见。邮政局设计迅速接受了现代主义建筑运动的影响，钢筋混凝土的结构样式直接显露于建筑中，展现出一种审美意识领先的风貌。完成后的邮政局及其后设计的大阪中央邮政局（1939 年）共同受到了当时建筑家的好评。邮政局竣工 1 年半后，访日的德国建筑家布鲁诺 · 陶特[39] 对其赞不绝口一事也在建筑界广为人知。

吉田铁郎在邮政局中的设计思想是什么呢？在当时发行的《通信协会杂志》1933 年（昭和八年）11 月号《东京中央邮政局》中，他本人对此有所阐述：

39 Bruno Julius Florian Taut，（1880—1938 年）德国建筑家，城市规划家。1933 年来日，逗留约 3 年。

“现代建筑的样式”可以这样被定义：建筑的种种功能、材料、结构等必需要素在形态上最经济、最简洁的表现。在邮政局中，利用钢筋混凝土结构，尽可能扩大窗洞面积；废止无意义的表面装饰，通过纯白的墙面与纯黑框的大尺寸窗口相对照，在现代建筑明快的美感上精益求精。正面与周围的诸建筑及广场相协调，自身也带有些许纪念性；背面（南侧）的退台、避难楼梯、起降台、车库的大顶棚、烟囱等必要的建筑要素展现了现代的构成美。室内设计与外观一样追求形态与色调的单纯，最主要的对外办公室及“公众室”以白色墙壁为背景，排布有黑色大理石的八角立柱，柱列之间设置了长60米的银色柜台以及屏风。

邮政局的基地形状近似梯形——南侧为梯形下边，面向东京站前广场的北侧则为其上边。与丸之内东京站基地端部的45°倾斜角相对应，邮政局基地面向东京站的东北部也呈倾斜状。因此，从丸之内东京站南侧出站后，人们会看到邮政局基地互呈135°角的北侧与东北侧长度基本相同。除南侧的配送空间以外，邮政局建筑基本占据了基地的全部。吉田充分利用了基地特征鲜明的形态，将北面及东北面作为统一的建筑正面处理，形成具有纪念性的左右对称的构成形式。正对东京站前广场的北面、正对丸之内东京站的东北面，以及面向大名小路的西面各自左右对称，如此形成了精巧的建筑形态（图3-3-4）。

邮政局建筑在结构上采用了铁骨钢筋混凝土的框架结构，为了在大进深的建筑内部取得更多的采光，加高了层高并尽可能加大窗的尺寸。此外，正如吉田所断言的“无意义”，外部装饰被摒弃，以“功能、材料、结构等必需要素在形态上最经济、最简洁的表现”为理念，尺度巨大的外墙面仅用白色与黑色完成。除出入口周边及基座处部分使用石材以外，白色墙壁均使用单一尺寸的二丁式[40]瓷砖，拼缝精确，直至墙、柱、屋檐、窗口周边等角角落落，追求完美的立面构成。另外，背面出现的避难楼梯、货车停车场的台座及其上部的大型屋檐、烟囱等功能性要素，同样不加装饰地加以呈现（图3-3-5）。

建筑物内部虽然有邮政局的营业及办公功能，但大部分是被称为“现业室”的大空间——用于邮递物品的分类。由于建筑平面并非长方形而为梯形，若遵循6米x6米的柱列与外墙平行排布的原则，随外墙135°的转折，立柱的排列也会发生45°回转，从而形成两种柱网类型而架设于立柱上的梁，和立柱的

40 日本外装瓷砖的基本尺寸之一，长x宽x厚=227.5毫米x61毫米x14毫米。

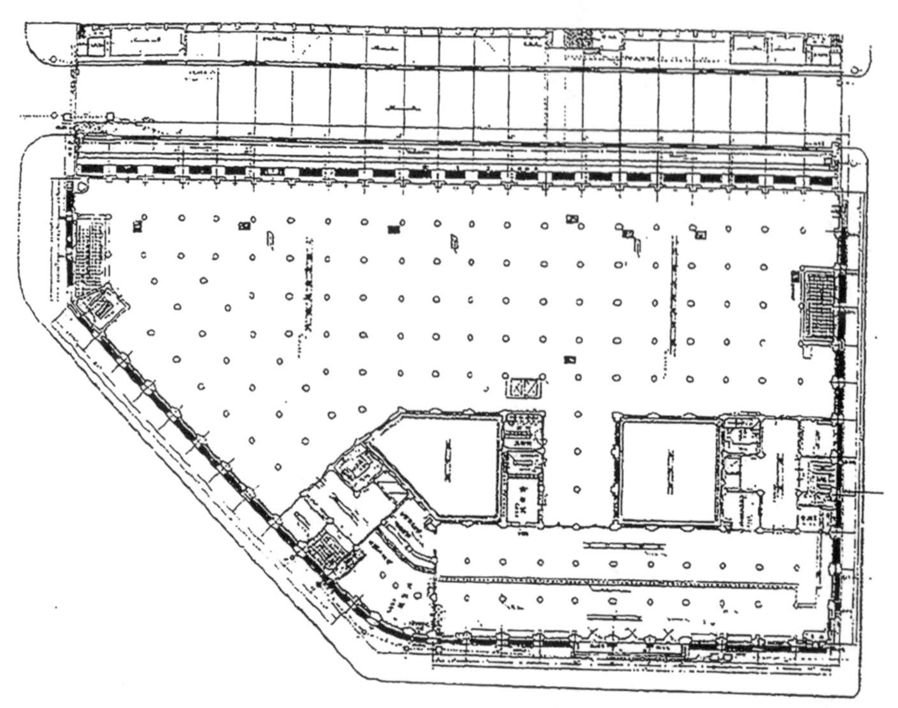

图 3-3-4　一层平面图（原初）　照片提供：日本邮政

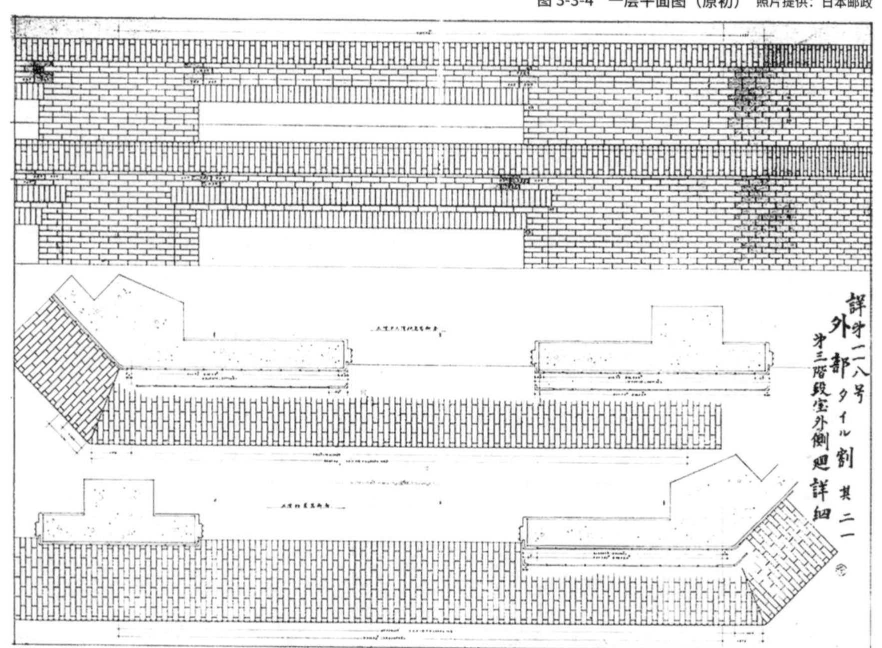


图 3-3-5　外部瓷砖拼缝图（原初）　照片提供：日本邮政

交角除直角外，也会出现 45° 的情况。综合考虑上述问题以及在“现业室”这种大空间中视觉体验一览无余的状况，为了更精美地呈现梁柱的架构，最终采用了八角形平面的立柱。此外，在进深较大的空间中，在距离外墙 3 跨（6 米 x 3 跨 =18 米）处设置了两处光庭（图 3-3-6，图 3-3-7）。

在“现业室”中，梁柱等结构体上有抹灰，为保护柱的下部结构不受冲撞损坏，缠裹有铁板，除此之外的架构基本原样呈现。一层北侧是用于邮政局营业功能的房间名为“公众室”，贴有黑色大理石的八角柱及墙壁极为简洁，与作为背景的白色抹灰墙壁及吊顶共同形成单色调空间。此外，入口大厅、办公室、食堂、局长室等处，根据各自的用途使用了瓷砖、木制护墙板等材料，与“公众室”相同，都采用了简洁的设计。

**设计思想贯穿整体及局部的建筑的价值**　　历史研讨委员会对邮政局建筑的历史价值做了如下总结：“日本近代初期现代主义建筑的代表作品，作为从整体到局部贯穿着建筑家吉田铁郎的设计思想的作品存在其价值。”

进一步探寻建筑在景观层面上的价值，通过对吉田铁郎的草图（《通信协会杂志》1993 年 11 月号登载）及景观上重要视点的分析，将面对东京站前广场的外墙定位为东京站前历史景观继承的重要构成要素。

下面介绍一下原初邮政局竣工后的主要改修内容。邮政局面对三条道路的部分高 5 层，其背面为 3 层。1961 年（昭和三十六年），在背面增筑第四层，并设置夹层。在近年的抗震补强中，中庭外墙处附设了铁桁架。此外，外装瓷砖及窗扇做过大规模改修，设备也进行过改修（图 3-3-8，图 3-3-9）。

图 3-3-6　邮政局原初内部　照片提供：日本邮政

图 3-3-7　邮政局原初“现业室”内部　照片提供：日本邮政

图 3-3-8（上）增筑四层前 邮政局南侧（原初）的样貌 照片提供：日本邮政

（下）增筑后（约 2006 年）邮政局南侧的样貌 照片提供：日本邮政

图 3-3-9（上）抗震补强前的样貌　照片提供：日本邮政

（下）抗震补强后的样貌　照片提供：日本邮政

## 3.3.3 历史继承的方针

**第一次调查得出的价值之所在与课题的把握**　　在历史继承研讨前实施的第一次调查中，收集并分析了图纸及相关文献史料，同时针对有可能深度影响设计判断的项目实施了建筑物调查。第一，确认了保持着原初状态的部位；第二，调查并把握了结构体的劣化状况及抗震性；第三，调查了外墙瓷砖的破裂及剥离下落的危险性、外部窗扇腐蚀状况，以及火灾时的避难安全性。关于第一次调查的详细情况在后文会有介绍。此次调查后明确要在解决继续使用带来的相关课题的同时，继承建筑的历史价值。以下内容，是基于历史研讨委员会的研讨结果整理的、在设计及施工中一直处于首要位置的方针。

**历史继承方针的整理**

时点：基于"表现建筑家吉田铁郎设计思想的建筑"这个历史价值定位，时点设定为原初的 1931 年。对于已经不存在的部位，如果有根据能够辨明当时的实态，则进行复原性整备[41]。

位置：原则上为原位置，但是出于免震化处理，允许东北部的部分移动。

范围：面向东京站前广场的北面及面向丸之内东京站的东北面建筑，保存从外墙向内进深两跨的地上部分约 10 000 平方米的范围（长 x 进深 x 高 =（约）160 米 x 12 米 x 28 米）。为确保城市规划要求的贯通通道，一部分结构体置换为钢骨钢筋混凝土架构。

结构：作为公众建筑，要确保一定的抗震性能（重要度系数在 1.25 以上）。如果仅使用剪力墙加固，会损坏重要的内部空间，所以通过在一层楼板下部的柱头处采取免震措施，将追加的剪力墙控制在最小限度内。

躯体：现存建筑存在混凝土的中性化到达钢筋的现象，为使之能够继续使用，必须实施再碱化处理，以改善躯体的劣化状况。同时，对缺损、保护层厚度不足、钢筋腐蚀导致的爆裂等破损部分进行修补。

外装：通过第一次调查辨明原初瓷砖的范围，并发现存在剥离掉落的危险性，因此将原初瓷砖暂时取下后，部分再次张贴，部分使用再现形状 · 颜色 · 质感

41　意指在忠实复原建筑内外装原初状态的同时，从确保安全性等观点出发，通过材料、制法及工法做最低限度的整备。

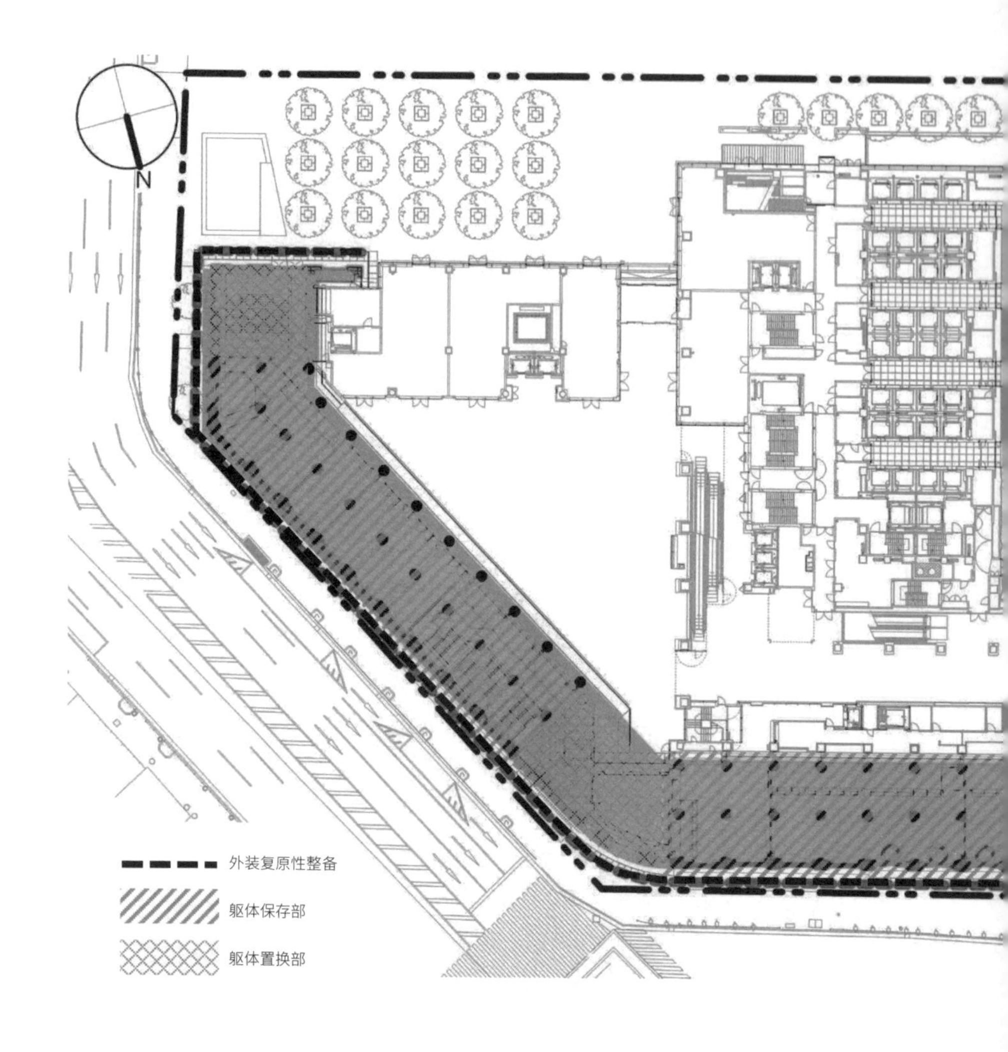


的新材料进行复原性整备。石材尽可能维持保全，且根据需要进行修复。由于门窗框材腐蚀严重，所以仅部分框材与玻璃保存、再利用，其余进行复原性整备。另外，表达了设计者设计意图的背面构成要素——楼梯、烟囱等也进行复原性整备。

内装：对设计者的设计意图中所表示的营业办公室及“公众室”（一层）进行保存及复原性整备。局长室再利用当初的内装材料。“现业室”与原初相同，对梁柱的架构加以展示。

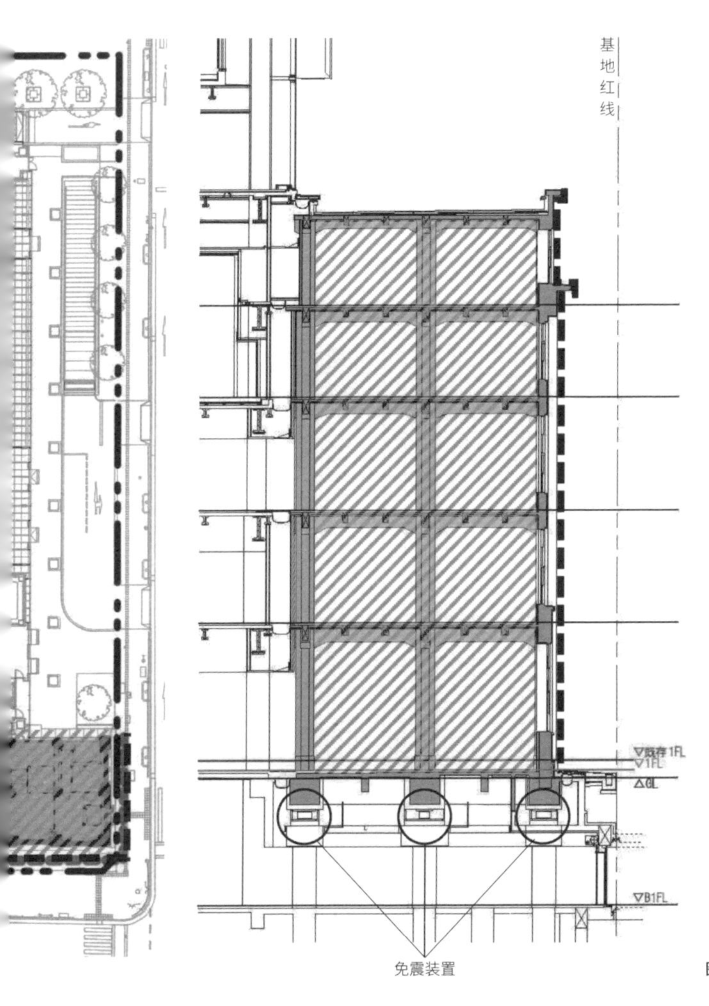


**图 3-3-10　历史继承的方针示意图**

设备：根据活用用途的需求附加避难楼梯及消防设备，并明确区分附加了新设备的地方。

无障碍：当初的一层地面比外部高，这次出于无障碍化的设计要求，将一层地面降至与外部齐平。

确定保存范围为“从外墙向内进深两跨”是对共存于场地内的塔楼、室内广场（中庭）、南侧公开空地等的配置进行综合研讨后的结果（图 3-3-10）。

## 3.3.4 对劣化躯体的改善及免震结构的引入

**钢筋混凝土躯体的状况**　在日本钢骨钢筋混凝土结构的建筑中，邮政局属于早期的作品，当时的施工照片还有留存（图 3-3-11，图 3-3-12）。八角形立柱及与之相连的梁端加强构件由钢骨组构成，周围围绕钢筋，图 3-3-11 应该是在组装浇筑混凝土的模板之前的情景。在这次的保存工程中，由于增筑面积占老建筑面积的一半以上，因此必须使老建筑也符合现行的建筑基准法（无法借用“既存不适”的条例）。在进行结构补强等设计之前，为了把握原来的设计内容，我们对结构的主要部位进行了取样——削去外层混凝土，确认了钢骨及钢筋构件的剖面及其交接的详细状况。

虽然在原初的照片中可以看到非常优雅的结构美，但混凝土结构本身并不一定状态良好。由于当时的混凝土浇筑技术并不成熟，混凝土填充不足，保护层厚度不够，钢筋锈蚀导致的爆裂剥落等剖面损毁多有发现，而且混凝土中性化的深度已超过保护层厚度，因此建筑若要继续使用，必须改良其结构中性化的状态。

**混凝土的再碱化**　首先对劣化的混凝土结构进行改善。用高压洗净的方式除去劣质混凝土，缺损部分使用高强度砂浆修补；保护层厚度不足的部位，增补砂浆。在上述准备工作完成后，着手进行再碱化工程。在钢筋混凝土结构中，通过发挥混凝土与钢筋这两种异质材料各自的特性确保所需的结构强度，当混凝土的中性化使钢筋锈蚀后，其膨胀力最终会造成混凝土的破坏。因此，为维护结构的耐久性，必须通过再碱化工法重新赋予混凝土碱性。

再碱化工法的原理是：将混凝土内部的钢筋接通负极，与临时设置的外部正极在一定时间内通过一定电流密度的直流电，经电气渗透作用，将碱性的电解质溶液渗入混凝土中。这种工法的最大特点是可以在短时间内恢复中性化混凝土的碱性，从而彻底再生钢筋混凝土的结构体，而且其长期耐久性良好，可有效预防再次中性化。混凝土的再碱化工程实例并不多，工程花费也很高，邮政局再碱化工程在国内可以说已是最大级别的了（图 3-3-13）。

**保存躯体的免震处理**　通过对邮政局进行的抗震诊断，发现该建筑既不满足现

图 3-3-11 原初工程场景 照片提供：日本邮政

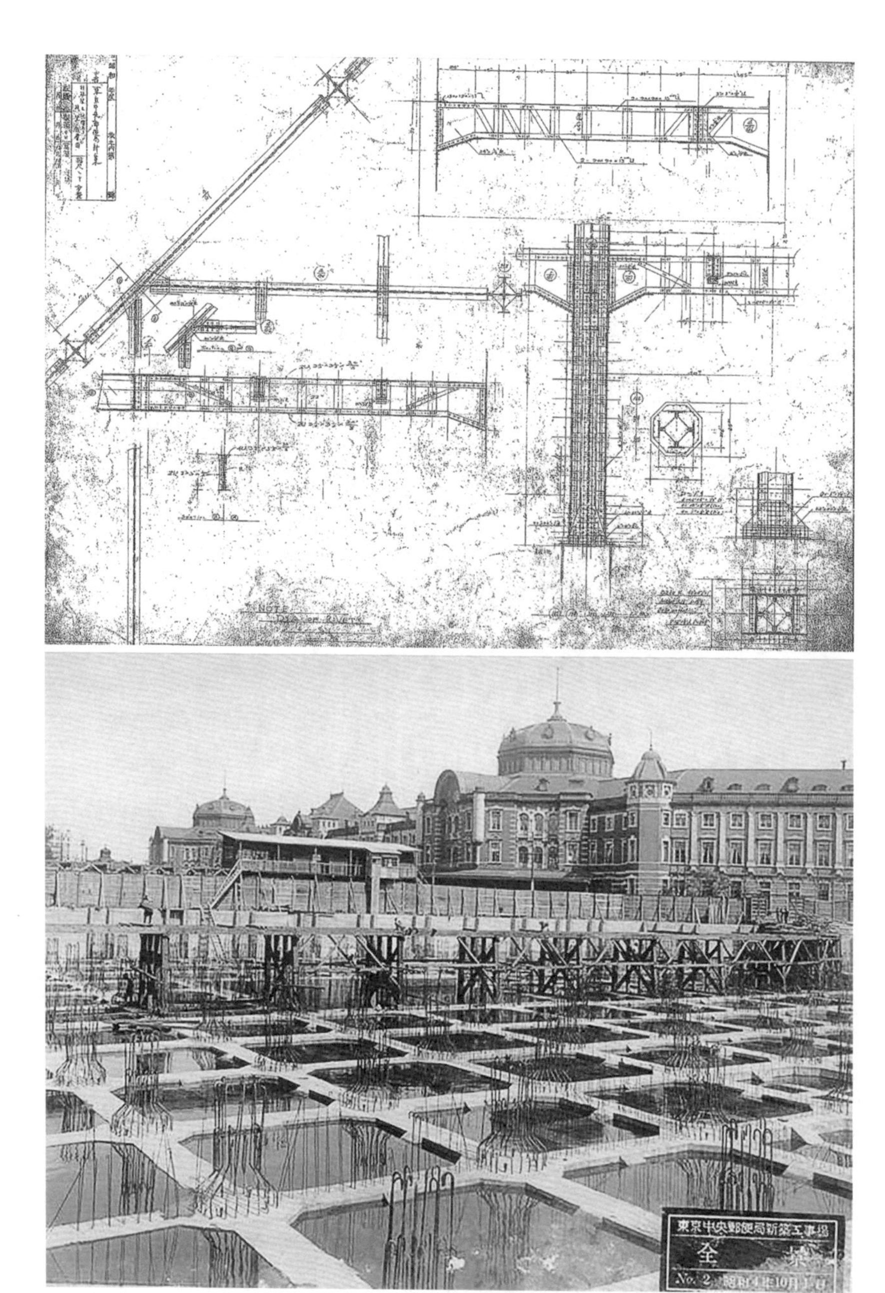


图 3-3-12 （上）钢骨图（原初） 照片提供：日本邮政

（下）原初工程场景 照片提供：日本邮政

图 3-3-13　再碱化工程中的躯体

行标准 1.0 的要求，也不满足官厅建筑综合抗震诊断标准 II 类 1.25 的要求。因此，作为公共设施，必须进行抗震补强。

为将抗震补强而设置的剪力墙数量控制在最小限度内，在一层楼板下的柱头处加装免震装置（图 3-3-14）。此时，若保持东北部与道路边线相邻的外墙原位置不变，则无法构筑地下挡土墙。因此，对东北部的保存结构体以其北端为回转中心，向基地内侧进行了 0.9° 的回转移动。

保留既存建筑的同时，对基础及地下加以更新，设置免震结构，与上文介绍的日本工业俱乐部会馆的做法基本相同。此外，在邮政局项目中，出于无障碍的要求，一层地面需要下降约 460 毫米，因而对一层地面的梁与楼板都做了更新。

图 3-3-14　柱头免震部位（地下一层柱头处）

## 3.3.5 继承黑白对比的简洁外装

**外装瓷砖的课题**　总的来说，既存建筑的外装存在两方面的问题：一是瓷砖剥离掉落的问题，二是框材（钢制门窗）腐蚀的问题（图 3-3-15）。

覆盖建筑物整体表面的瓷砖通常为二丁式，出隅[42]及窗台处使用圆角形状的役物。吉田将这种白色瓷砖称为“拟石瓷砖”，认为一种是与一层出入口周边及基座处使用的白色花岗岩真壁石相似的材料。瓷砖白色基底上有深灰色的细小斑点，并可见表面釉药的贯入（形似细小裂纹的质感）。瓷砖用模具冲压成型，平面部分有沿长向凹凸的背纹，役物[43]中则没有，张贴方式是当时通用的堆叠贴法（通称“团子贴法”），即在瓷砖背面均匀涂抹砂浆后按压至基面。通过对

42　墙壁等两个面交汇处的外侧部分。内侧部分叫“入隅”。

43　指建筑材料中相对一般形状的特殊形状。

图 3-3-15 （上）外装瓷砖剥离掉落的状况
（下）外部钢制门窗腐蚀的状况

既存外墙的详细调查，我们发现在建筑后期的改修中，存在多处更换重贴的情况，在被调查的范围内，更换重贴的比例约占一半。留存原初瓷砖的部位主要集中在立柱部分，窗洞周边及护墙的瓷砖大多被更换过（图 3-3-16）。

原初瓷砖单体的强度、吸水率、线性膨胀系数等性能与现今市售的炻器质地瓷砖类似，材料本身问题不大；但在调查中发现，其中约七成存在损伤、连接强度不足的情况，而连接强度低于标准值（在公共建筑工程标准做法中为 0.4N/mm²）的瓷砖数量更是约占一半以上。钢制门窗周边的瓷砖损伤及剥离现象尤其严重，问题出在门窗与结构体的连接做法上——水从钢制门窗外框附近渗入，致使躯体内的钢筋生锈膨胀，导致混凝土爆裂。

**外装瓷砖的保存方法与复原性整备**　设计团队研讨了两种保存原初瓷砖的方法：一是采集后，再重新集中黏合至即使下落也没有危险的位置。二是用长尺销连材料[44]固定瓷砖中央部分以加强连接作用。虽然后者能够将原初材料保存在原位置，但是对原建筑设计性的影响较大，不利于对设计思想的传达，所以最终作出了第一种方法更为合适的判断（图 3-3-17）。

通过观察比较原初及后期被替换的瓷砖，发现即使不确认背纹，仅从表面质地即可加以区分。于是，根据贴付于墙面的状态对瓷砖进行分类并标注后，小心地取下原初的瓷砖，再从中选出没有破裂缺损的，用药液浸泡，溶解去除附着于背纹上的砂浆，洗净表面污渍，并将其集中配置在北面一层的墙面上。配置在这里的瓷砖，一方面即使将来万一剥离掉落，也会落入绿化带中，因而危险性较小。为了进一步提高其安全性，在瓷砖背面逐一设置钢丝，这样即使剥离墙面也不会掉落，达成了双保险。另一方面，由于其位于一层，观察距离较近，人们能够体会到其细微的质感（图 3-3-18，图 3-3-19）。

剩下无法使用原初瓷砖的范围使用新的替换材料，其形状及质感忠实再现了原初瓷砖的特征。原初瓷砖的颜色带有温润的白色调，根据浓淡不同分为三种，再加上另一种青白色瓷砖，共计 4 种。为了模仿白色花岗岩，原初瓷砖上可见浓灰色的斑点，而由于釉药涂刷不均匀，每块瓷砖对光的反射效果也略有不同。为了新材料忠实再现上述特征，在工厂中对釉药的涂刷量进行调整，特意精心

44　为防止瓷砖的浮胀剥落，用金属销（不锈钢等）机械性地将瓷砖固定于躯体上的方法。有时会同时使用黏合剂。

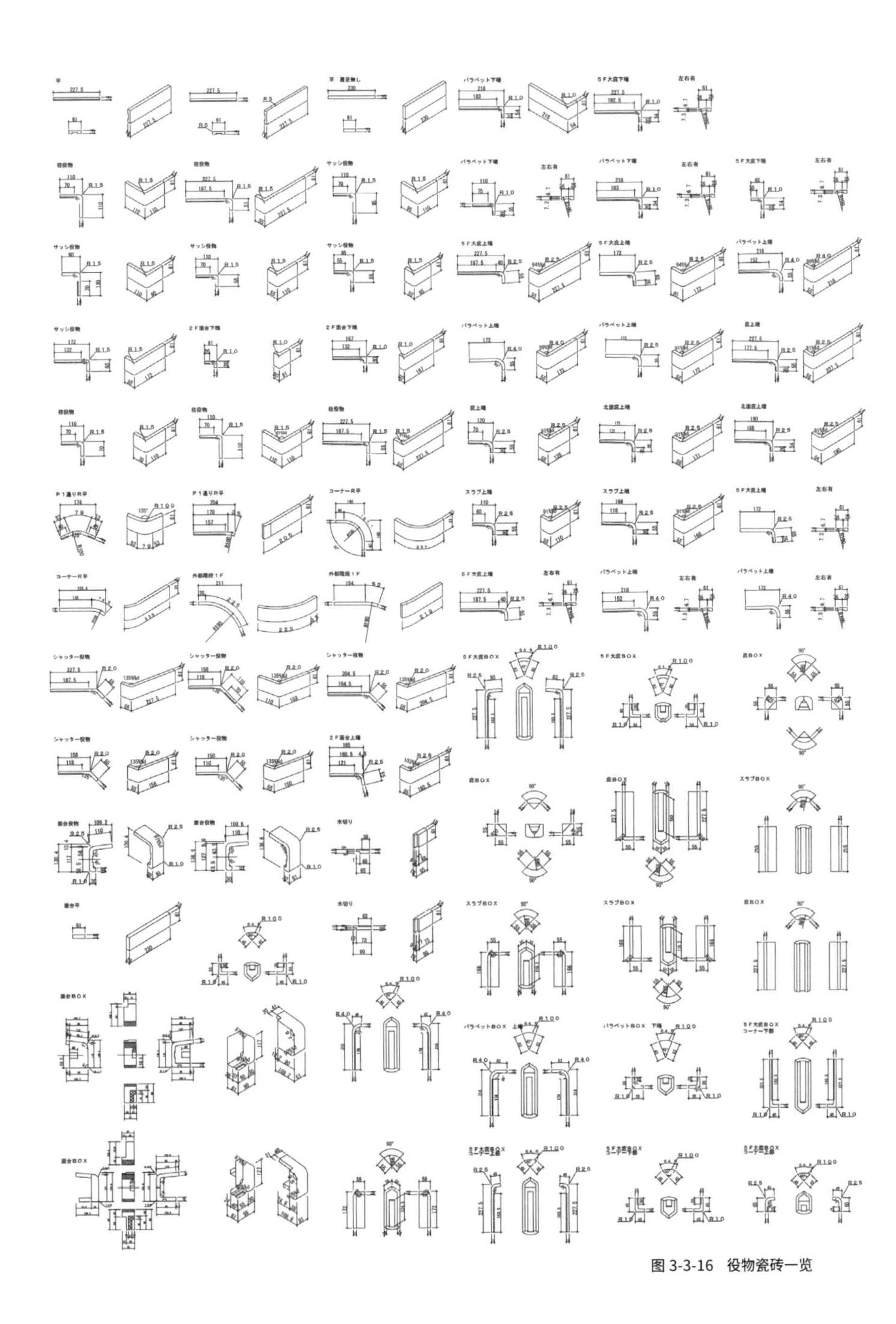

图 3-3-16　役物瓷砖一览

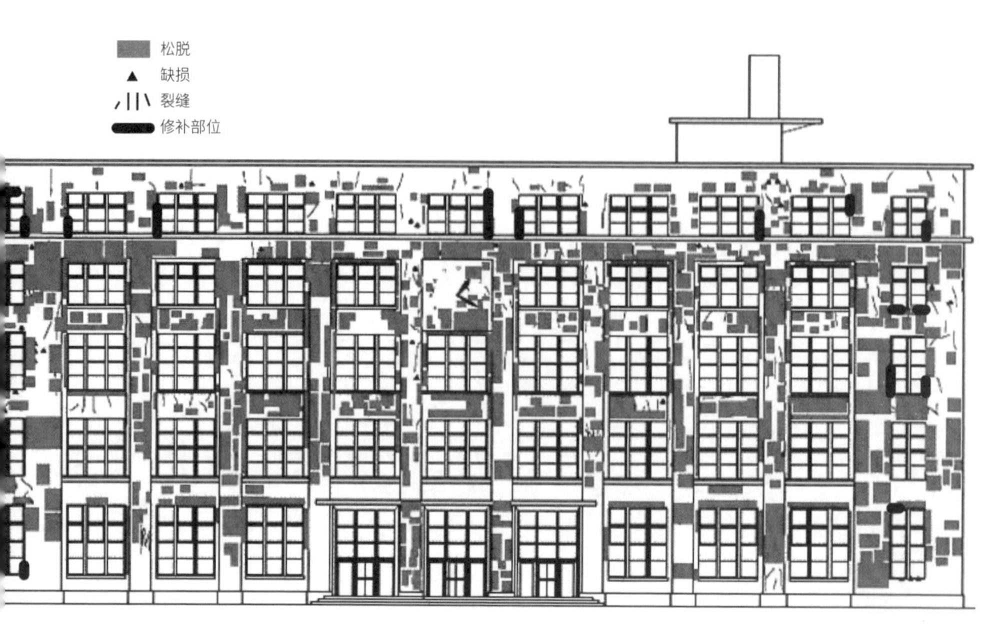


图 3-3-17　状况不佳的外装瓷砖分布图

图 3-3-18（左）原初瓷砖采取工程

（右）根据原初瓷砖的背纹进行识别

原初瓷砖的保存 · 再安装：并采用 SUS 线的改良压着张贴方式

调色以复原原初的接缝

原初瓷砖的保存 · 再安装范围

北侧立面图

西侧立面图

**图 3-3-19 原初瓷砖安装工程**

制造出浓淡不均的效果，并且参考在一定范围内采集的原初 4 种瓷砖类型的比例确定了数量（图 3-3-20）。役物均使用新材料，在进行复原性整备的墙面上共计近 80 种类型，忠实复原了原初的样貌，而且接缝尺寸及颜色也尽可能接近原初。

因为要在现场张贴至很高的位置，必须防止将来的剥离掉落，所以新材料的安装方法做了变更。经研讨，最终采用了在基层铺设轨线后再将瓷砖背纹嵌入的干式工法，虽然也同时使用了黏合剂，但总的来说，这是一种用机械方式将瓷砖固定于墙壁上的方法。由于接缝使用了与当初颜色及质感相近的砂浆填充，整体呈现出与原初湿式工法相同的样貌（图 3-3-21）。

**外部钢制门窗的课题**　　邮政局的大面积窗洞中嵌有钢制窗扇。对比原初竣工时的照片，可以发现窗的开闭方法不同。由于窗框腐蚀严重，并且在历次改修中可以找到其周边瓷砖被替换过的记录，因此可以判断钢制门窗在后期曾被更新。原初的门窗是带来漏水及结构体腐蚀的主要原因，后期更新的门窗并没有充分改善上述问题。门窗的面板，由剖面形状看，与昭和初期制品的型钢剖面相近，但是窗的开闭方法有所不同，是在后期使用中改造了原初的面板，从而变换了开闭方法，还是重新制作并更换了门窗，现已无从判断。虽然腐蚀严重的门窗框已经无法再利用，但完好的面板则还有被再利用的可能。

**外部钢制门窗的保存方法与复原性整备**　　此次工程不仅对钢制门窗全部进行了更换，由于门窗与结构体交接处的细部做法是造成漏水的主要原因，所以对细部也做了相应的变更处理。在现状中，框材通过预置于躯体中的锚固件固定，瓷砖则贴至窗框的边界。这样做虽然美观，但会导致雨水从缝隙渗入。在这次工程的细部处理中，瓷砖没有贴至窗框边界，而是在其间设置沟槽并封胶条。对于前面提到的窗面板，将北面状态良好的部分进行修补后，与玻璃一起做了保存再利用。考虑到抗震性，玻璃的固定方式没有使用油泥，而是用金属构件与密封胶条固定。

复原性整备的钢制门窗忠实再现了窗及面板的形状。原窗框为钢材弯折加工而成，这次同样使用了弯折的制作方法，表现出了弯折加工才会出现的凸圆角形状，但考虑耐久性问题，材料换成了不锈钢。关于面板，原来为型钢，有

图 3-3-20 釉药带来的原初外装瓷砖的光泽不均

图 3-3-21 使用外装瓷砖（新材料）的复原性整备 干式工法安装

着特有的线条分明的特征，这次使用了铝型材。一般历史建筑的钢制门窗变为铝制后，为确保强度，需加大剖面，从而会显得粗大；但在这座建筑中，由于邮政局的窗较大，原本就使用了粗大的型钢，所以即使换用铝制材料，其尺寸也没有变化。在玻璃方面，考虑到窗的隔热、隔音问题，采用了复层 Low-E 玻璃，这样，虽然窗框及面板的立面尺寸可以维持原状，但其剖面尺寸则有所加大，而尺寸变化之处仅对应于玻璃厚度，窗从外部及内部看起来的样貌均与原初相同（图 3-3-22）。

通过详细调查南侧五层残留原初门窗的涂装，辨明颜色。原初的涂装做法是现场在钢材上刷毛涂附稍带青的黑色。此次工程考虑到颜色耐久性的问题，具体做法变更为在工厂镀膜的表面再附加刷毛涂装，以呈现原初的质感。

**外装石材的保存修复**　　原初外装使用的白色花岗岩为茨城县产的真壁石，砌筑镶边于基座及出入口周边。在这次躯体保存的范围内，并不需要取下石材，但是为对应无障碍需求而取消阶梯并下降地面的部位，由于原来石材尺寸不够，所以补充了新的真壁石。对于石材的缺损，在修补时对大的地方做了镶嵌处理，小的部位则保持原状。

建筑西北角的基座处嵌有定基石，以前被花坛遮挡，通过这次工程得以完整呈现。定基石的下部装有定基箱，收藏着刻有当时相关建设人员姓名的铭板。

**精心设置的伸缩缝连接件**　　在有免震装置的结构体和没有免震装置的结构体之间，为了防止地震时相互碰撞，需要留出缝隙，而覆盖这条缝隙的部件叫作“伸缩缝连接件”，有着可以伸缩的构造。免震与非免震结构体之间设置伸缩缝连接件的先例很多，但这次北侧与东北侧的保存结构体各有独自的免震装置，设置于这样伸缩缝间的连接件没有先例。由于连接件的位置处于正面外墙上，所以要尽可能削弱其存在感。如果假设两处伸缩缝连接件各自朝相反的方向移动，那么盖板尺寸会很大；但考虑到在实际的地震中，二者几乎是同方向移动，基于这一点进行设计，控制住盖板尺寸不至于过大（图 3-3-23）。

外墙伸缩缝连接件位置并不仅在墙面上，而且还在瓷砖墙面、挑檐、窗具、窗台等元素复杂相接的地方。考虑到在东日本大震灾时，免震结构建筑的伸缩缝连接件受损严重，所以在这次的设计中，即便位于伸缩缝部位的材料原本应

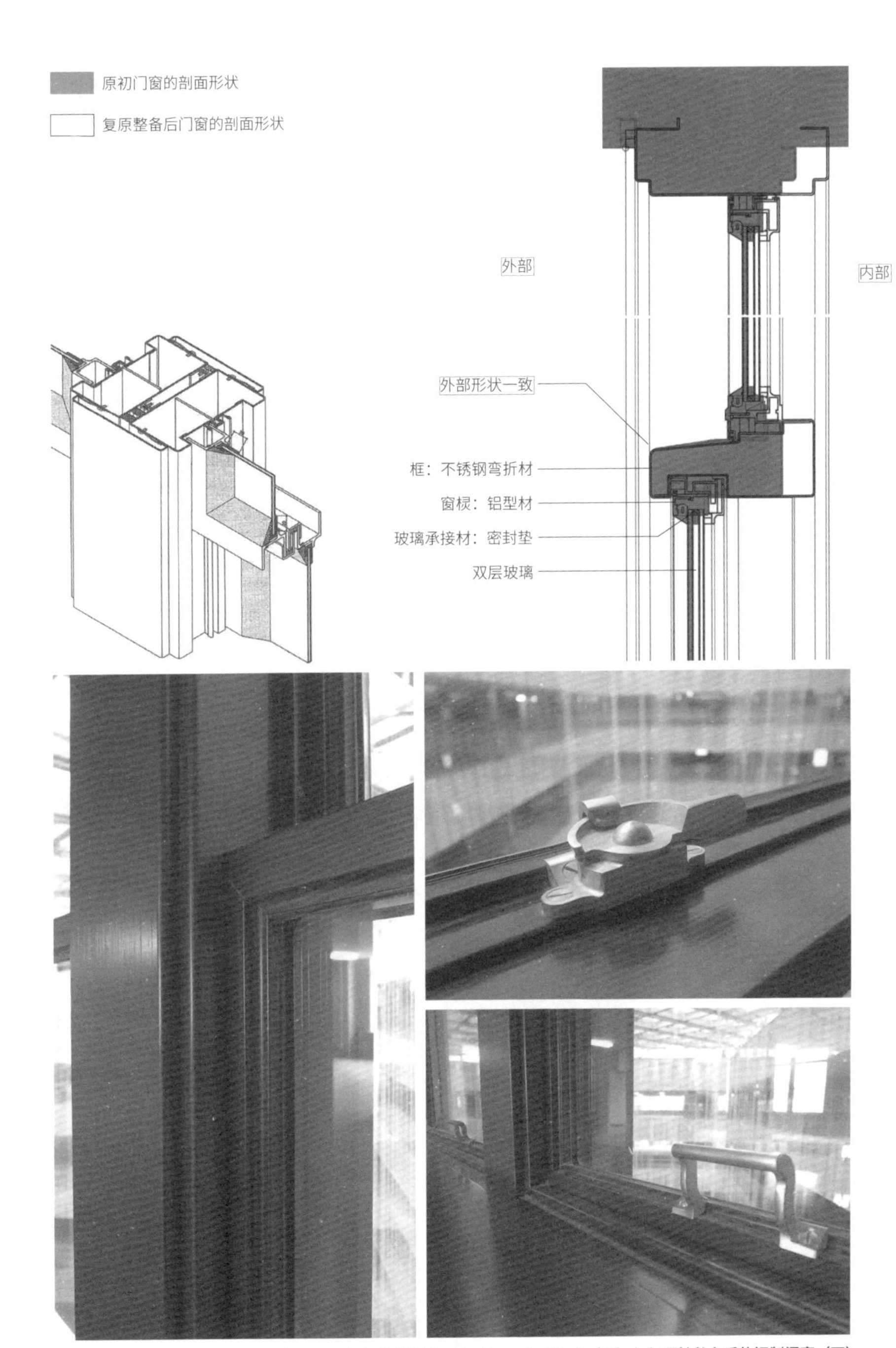


**图 3-3-22　外部钢制门窗复原性整备的基本概念（上）与复原性整备后的钢制门窗（下）**

图 3-3-23　外墙伸缩缝连接件

该是瓷砖或玻璃，也要求全部替换为金属板。虽然曾考虑在金属板上贴附瓷砖或玻璃，但由于在地震时存在破碎掉落的危险，所以最终伸缩缝连接件使用金属板组合而成，并根据外墙及窗周边的凹凸状况精心设计了其组合方式——在应表现为玻璃的地方使用了不锈钢板（其他部位的外墙伸缩缝连接件是铝等金属板），在应表现为瓷砖的在金属板上绘制出瓷砖的图案。

这种绘制瓷砖图案的做法是通常所谓的“模仿”，本来应该避免的，但这次工程优先考虑外墙的连续性，因此仅限定于此处使用了这种方法。辛苦换来的成果是几乎所有人的第一视觉印象都不会意识到伸缩缝连接件的存在。

**背面建筑要素的复原性整备**　　在设计者吉田所表述的建筑背面那些“展现了现代的构成美”的建筑要素中，钢制避难楼梯因生锈而腐蚀严重。由于这部楼梯坡度大且没有设置楼梯平台，已经不符合现行的法规，因此在此次工程设计中并不作为避难楼梯使用，而是作为外装的一部分，从而不需要在形态上加以改变，只使用新材料进行了复原性整备。

原初为钢筋混凝土的屋顶烟囱，因为抗震问题在后期被拆除，换为钢制烟囱。由于烟囱位于屋顶的东南角，从有乐町沿东侧道路接近建筑时，是个非常显眼的标志物，因此要尽力复原。出于同样的抗震问题，这次工程仍然使用了钢结构，并在钢骨组成的架构上铺设附有瓷砖的 GRC 板。然而，烟囱呈细长的圆台形状，制作时使用曲面四方形板组合而成，假如板的拼缝按通常的横平竖直设置，相对于错缝拼贴的瓷砖，板的拼缝会过于显眼。于是，我们将板的形状改为菱形，并且使板间拼缝与瓷砖拼缝相吻合，以此成功地削弱其存在感。可能有人会说，既然原初物件已不存在，进行更改也是合情合理的；但是，这番下功夫正是复原性整备的讲究之所在，因为相关人员非常希望能够复活并展现业已消失的原初情景（图 3-3-24）。

图 3-3-24 背面外装（室外楼梯，烟囱）工程前（上）及工程后（下） © 小川泰祐摄影事务所

## 3.3.6 表现躯体美感的内部空间的继承

**旧“公众室”的保存与复原性整备**　旧“公众室”位于面向站前广场的北侧一层，是从外墙开始进深 18 米（3 跨）、长 66 米的平面空间，正如吉田铁郎在设计主旨中所述，设计意图与外观相同，呈简单的单色调。吊顶 · 墙壁为白色抹灰，护墙板及八角柱上贴比利时产黑色大理石（Belgian hostel），地面为深灰色马赛克瓷砖，柜台顶板为白色花岗岩，侧面板为黑色大理石，柜台上排布有白铜色的格子状屏风。吊灯是将玻璃像反射板一样使用的现代器具。工程前的情况是，包含照明在内的吊顶及地面均被改修，柜台也不是原初样貌，根据使用要求对原初高度及设计都做了变更（图 3-3-25）。

虽然旧“公众室”的进深为 3 跨，但在继承范围中躯体被保存的部分为 2 跨，因此有 1 跨的进深为新建部分。沿着直交轴线方向各设置一面抗震墙加固，并尽可能设置在端部不显眼的位置。

实施混凝土再碱化以后，吊顶处露出梁段，抹灰（调和品）后复原了原初的形状。吊灯根据照片进行了复原，为防止地震时玻璃板破裂，用透明亚克力板代替。另外，仅有吊灯无法满足营业室的照度要求，所以附加了射灯。

贴附于护墙板及立柱上的黑色大理石为了进行混凝土的再碱化施工暂且取下，在躯体的修补后完成后再次安装到位，由于石板间接缝几乎没留余地，取下及复原均费了不少功夫。之前改修，为了呈现黑色大理石因风化而失去的光泽，曾涂附过类似胶液的材料，却带来了负面效果，使石材发黄，失去了原初的美感。虽然原本不应该对石材表面加以改动，但这次工程为了恢复石材原初的表面状况，通过研究被门窗覆盖部分的石材并确认其原初的表面状况后，实施轻微的水磨处理[45]，去除涂附的材料，尽量复原了石材原初的质感。由于下降室内地面，黑色大理石贴面的立柱及墙面下方需要材料续接。为表明续接用的同种黑色大理石不是原初的材料，特意设置了石材的厚度差，且表面未经水磨处理，而是加以磨光。

地面的马赛克瓷砖在既存建筑中已被拆除，我们根据材料的部分残留进行了复原。若将马赛克均一张贴，地面混凝土的伸缩有可能会导致其破损。虽然无从考证原初做法，但考虑到耐久性问题，此次工程按一定的间隔设置了伸缩缝。

45　石材的表面研磨方法之一。相对于带有光泽的磨光处理，呈现亚光的效果。

图 3-3-25（上）一层原初“公众室” 照片提供：日本邮政

（下）一层旧“公众室”（工程前）© 小川泰祐摄影事务所

关于柜台，由于当初的形状不便使用，因此没有留存。这次工程参考照片及史料进行了部分复原——顶板使用真壁石，侧板使用比利时产黑色大理石，屏风则使用了白铜（图 3-3-26，图 3-3-27）。此外，圆形门斗以当初形状为基础，而出于降板导致的高度变更和安全性考虑，将原回转式门改为平开式自动门。

**旧局长室的继承与旧“现业室”的活用** 旧局长室位于外墙 135° 弯折处钝角部分的四层。原初吊顶为暴露立柱的抹灰面，墙壁为木墙板饰面，地面为木地板上铺设地毯。吊顶上装有与一层旧“公众室”相同的使用了玻璃板的简朴的照明器具。工程前，墙壁为原初的样貌，但地面与照明在以往改修中有所变动。

出于城市规划的要求，在一层 135° 的角部区域需要开设贯通通道，必须改变结构，所以取下木墙板饰面后，在新的结构体上进行复原。吊顶、地面、照明使用新材料复原了原初的样貌。室内的两根独立八角柱，在结构上已不起作用，是连带旧结构体采集并再次装设的立柱式构件，而置换的新的结构体是与旧结构体完全不同的架构，以涂灰的方式在室内出现，以表征与原初部件的区别（图 3-3-28）。

在丸之内东京站保存复原工程完成后，一走入局长室，东京站的穹顶便立刻映入眼帘，将局长室布置在此处的设计意图随之一目了然。

在旧“现业室”的大空间中，八角柱与拱腰梁[46]规则排列。这次工程保存的空间范围被用于店铺、博物馆等功能。由于内装不属于整备性复原的范围，所以在室内设计方面很自由；但是，很多租户都采用了呈现立柱及梁架的室内设计。特别是博物馆，吊顶很高，在感受到架构优雅姿态的同时，透过窗洞可以看到复原后的丸之内东京站的景象。另外，旧邮政局入口大厅及楼梯间墙壁上使用的正方形黄土色瓷砖被采集，并在店铺楼梯内墙中加以再利用（图 3-3-29）。

**通过新旧对比创造中庭空间** 保存栋与新栋间形成的大型中庭是商业设施 KITTE 的象征性空间，在城市规划上被定位为“室内广场”，是灾害时的临时避难场所，也兼用作连接东京站丸之内南口与有乐町站步行网络在基地内的贯通通路。中庭平面形状为等腰直角三角形，两个直角边为新栋，斜边则为保存栋。保存栋被留下的部分，从外墙开始 2 跨处被切分，因而呈现了从一层至四层的

46 钢筋混凝土结构的结构体中，梁、楼板端部剖面较其他部分加大呈倾斜状的部分。

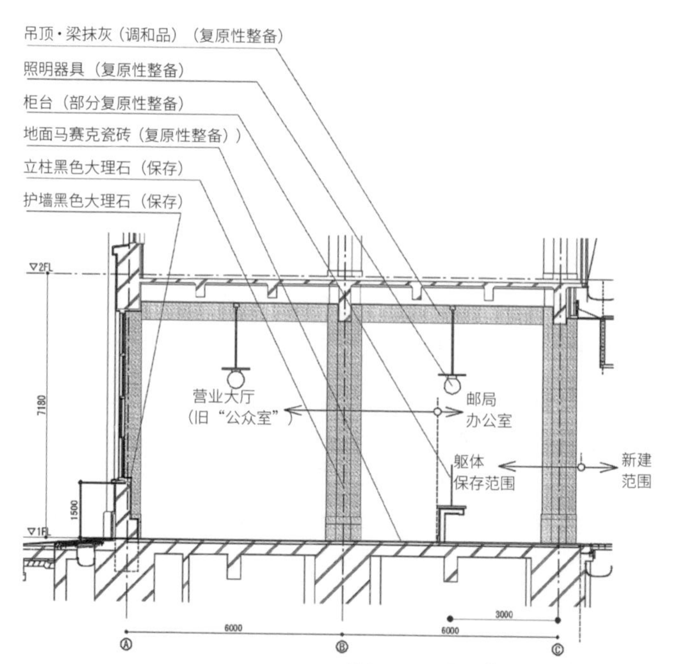


图 3-3-26　一层旧“公众室”复原性整备的基本概念

图 3-3-27　一层旧“公众室”（工程后）© 小川泰祐摄影事务所

图 3-3-28 （上）旧局长室（原初） 照片提供：日本邮政
（下）旧局长室（工程后） © 小川泰祐摄影事务所

图 3-3-29 旧“现业室”（原初） 照片提供：日本邮政

躯体断面及五层的外墙。零售 · 饮食店铺围绕中庭配置，走道及自动扶梯等商业设施的共用部分环绕着通高空间（图 3-3-30，图 3-3-31）。

建筑家隈研吾[47]（隈研吾建筑都市设计事务所）采用新旧对比的方式完成了中庭空间的内装设计。保存栋的架构按原样呈现，通过保存栋的剖面可以看到原初建筑的分层、特点鲜明的八角柱 · 拱腰梁 · 楼板。与之相对的新栋墙面则以玻璃为主体构成，玻璃面上映射出保存栋的架构及三角形的顶窗，新旧同时呈现，使人仿佛进入了时光的万花筒。

47 1954 年生人。隈研吾建筑都市设计事务所主持，东京大学教授。主要作品有森舞台 / 登米町传统艺能传承馆（1997 年日本建筑学会作品赏），马头町安藤广重美术馆（1999 年建筑业协会赏），根津美术馆（2010 年）等。

图 3-3-30　由保存栋剖面与新栋玻璃墙面围合的中庭　© 小川泰祐摄影事务所

图 3-3-31 （上）五层南侧外装（原初） 照片提供：日本邮政
（下）五层南侧外装（工程后） © 小川泰祐摄影事务所

## 3.3.7 现代主义建筑历史继承的难点与可能性

**历史价值难以传达的现代主义建筑的困境**　　邮政局是日本现代主义建筑的早期作品，在“建设于城市中的大规模现代主义建筑的保存应该如何进行”这个有关城市更新的重大课题中，邮政局的保存问题也走在了前面。现代主义建筑是直接表现功能性而不附加装饰的建筑样式，邮政局作为其具有先驱性且高完成度的建筑代表存在着历史价值。可以追溯古典样式源流的建筑，如丸之内东京站，若问其是否有历史价值，几乎人人都会作出肯定的回答；但是，邮政局因为与现代的建筑相近，对其历史价值的认识会因人而异（图 3-3-32）。

我听到过各种各样的对于邮政局保存的意见。与“应该保存”的声音同时，“应该保存吗”的声音也很多，不仅没有学习过建筑的业余人士有上述意见，建筑学科毕业并从事艺匠设计的人也会提出“有保留的价值吗”这样的问题——这很出人意料。我从事过与历史建筑相关的多项工程，在我的经验中还没有这样的先例，每次我都会这样解释：“比起重要文化财产、被评价为‘样式建筑集大成’的明治生命馆，东京中央邮政局不仅更为古老，而且还是更先进的建筑。”

然而，当这项保存工程结束，面对完成后面貌一新的邮政局建筑时，大家异口同声道：“东京中央邮政局的确美观优雅。”曾经，我一直认为历史建筑的岁月感非常重要，若工程结束后变得过于漂亮而减弱了其古趣，则多少会有些可惜。邮政局这个项目则完全不同，保存工程结束，瓷砖、窗扇焕然一新，岁月的痕迹减弱了，但建筑却更为光辉夺目。这不是当事者的偏爱，从作为历史建筑爱好者的另一个自我来看，也会有同样的感受。

当然，若能实现整体保存，则可能体会到其不同的价值，对于最终结果，赞成和反对都各有道理；但是，工程完成后，恢复了“纯白的墙面与纯黑的外窗”的邮政局外装，以及新旧建筑物围合的中庭空间，给予来访者的感动却是实实在在的。

**由复原而产生的新的价值**　　这次，在通过史料调查及建筑调查进行外墙复原作业的过程中，对瓷砖在竖向上分割为多少层以及其分缝尺寸有多少都进行了详细分析，同时作为参考，比照了对面正在进行复原作业的丸之内东京站的复原图，

ULVAC

图 3-3-32　工程后的 JP 塔楼保存栋（旧东京中央邮政局）与保存复原工程完成后的丸之内东京站

由此得到了有趣的发现。旧邮政局的头部环绕着两层出檐（顶部及五层楼板处），为何会做成两层，缘由难解；但与复原后的东京站相比照，就会发现，其第二层出檐与东京站建筑的高度完全一致，而且挂于北侧外墙中央的时钟的位置，也与东京站穹隆中设置的时钟高度相一致。此外，白色二丁式瓷砖的尺寸与东京型砖的尺寸相同，二分五厘（0.76 厘米）的拼缝尺寸也与丸之内东京站的砖形瓷砖相一致。

当时着手邮政局设计的吉田铁郎面对大前辈辰野金吾的代表作丸之内东京站厅，应该是为了与其红底白纹的古典样式做对比，才决定使用白底黑纹的现代主义建筑式样进行设计吧——这只是我的推测，但若通过细致入微的研究追寻设计根源，也必定会得出这样的结论吧。这是通过丸之内东京站的复原以及东京中央邮政局的复原性整备，得到的初次发现。

## 史继承表格 【东京中央邮政局】

| 建筑概要 | 【旧建筑】 | |
|---|---|---|
| | 名称 | 东京中央邮政局舍 |
| | 建筑所有者 | 通信省 |
| | 用途 | 邮政局，事务所，集配设施 |
| | 竣工年 | 1931 年（昭和六年） |
| | 设计 | 吉田铁郎（通信省经理局营缮科） |
| | 施工 | 钱高组，大仓土木 |
| | 结构规模 | SRC 结构，5 层，地下 1 层 |
| | 建筑面积 | 36 479 m² |
| | 主要的增改筑等 | 1961 年（昭和三十六年）南侧 4 层增筑，战后外装改修・耐震补强 |
| | | |
| | 【新建筑】 | |
| | 名称 | JP 塔楼（保存栋） |
| | 建筑所有者 | 日本邮政 |
| | 位置 | 东京都千代田区丸之内 2-7-2 |
| | 用途 | 保存栋：邮政局，博物馆，店铺，塔楼栋：事务所，店铺 |
| | 竣工年 | 2012 年（平成二十四年） |
| | 设计 | 三菱地所设计（合作建筑家：Helmut Jahn） |
| | 施工 | 大成建设 |
| | 结构规模 | 保存栋：SRC 结构 5 层 |
| | | 塔楼栋：S 造，部分 SRC 造，38 层，地下 4 层 |
| | 基地 / 建筑面积 | 11 634 m² / 全体：212 043 m²，保存栋：约 10 000 m² |
| | | |
| 历史价值的继承 | 历史继承的意义 | 日本近代初期现代主义建筑的代表作品，作为从全体到局部贯穿着建筑家吉田铁郎的设计思想的作品，存在其价值 |
| | | ①作为日本近代建筑的评价 |
| | | ②作为建筑家吉田铁郎作品的评价 |
| | | ③景观上的评价 |
| | | |
| 安全性的确保 | 耐震性 | 作为公众设施，有不足（耐震二次诊断） |
| | 躯体劣化 | 存在混凝土中性化现象，需改善（再碱化） |
| | 火灾安全性 | 有与现行法规相抵触的项目，需改正 |
| | 掉落等危险性 | 瓷砖剥离掉落的危险性，窗扇腐蚀，剥离破损等 |
| | | |
| 机能更新的必要性 | 活用用途 | 邮政局・银行，店铺，博物馆，租赁会议室 |
| | 设备·防灾 | 针对设备老朽化的全面更新 |
| | 无障碍设计 | 通往 1 层地面的高差的消解 |
| | 城市规划 | 地下步行者网络的整备，空地，贯通通道，墙面线，高度 |
| | 其他 | |
| | | |
| 历史继承的方针 | 时点 | 以创建时（1931 年）为基本，尊重被改修的原型 |
| | 位置 | 以原位置为基本，但由于东北侧部分的地下免震化工事，建筑物回转移动 |
| | 范围 | 面向东京站前广场及东京站的北面・东北面的外墙开始的 2 跨（约 12 米）尽可能进行保存与复原性整备 |
| | 结构 | 为改善已发生的中性化，实施再碱化 |
| | | 通过使用免震结构，极力控制室内墙体的增设，同时确保耐震性 |
| | 外装 | 收集原初瓷砖，集中设置于北侧外墙 1 层，其他使用新补材进行复原性整备 |
| | | 原初窗扇集中设置于北侧外墙 1 层，其他按当初的形状进行复原性整备 |
| | | 石材保存再利用 |
| | 内装 | 1 层“公众室”及 4 层局长室使用当初材进行复原性整备 |
| | | |
| 诸项制度的活用 | 文化财产制度 | 无 |
| | 城市规划制度 | 都市再生特别地区（无针对保存的评价） |
| | | |
| 日程 | 设计（一次调查） | 2 年（一次调查 3 个月，研讨委员会 6 个月） |
| | 工事（二次调查） | 2 年 6 个月（设计调查 6 个月，结构调查随工事进展实施） |
| | | |
| 附注 | | 历史研讨委员会：日本城市规划学会 |
| | | 保存工事指导建议：文化财产保存计划协会 |

# 3.4 歌舞伎座

（代代承袭的歌舞伎专用剧场的继承与进化）

## 3.4.1 历史建筑与项目概要

**诞生于木挽町的歌舞伎座**　　现在歌舞伎座所在的东银座（银座四丁目）周边，在江户时代曾是被称为“木挽町”的工商业者聚集地。宽文年间（1661—1673），在这片街区，允许设立森田座[48]、山村座[49]，歌舞伎得以上演，自此，木挽町作为江户的戏剧街区之一繁荣起来。经过 1842 年（天保十三年）的“天保改革”，江户的戏园被强制转移到了浅草猿若町（现在的浅草六丁目周边），在大约 150 年间因戏剧而繁荣的木挽町暂且沉寂了。此外，经过 1657 年（明历三年）的大火，银座街区的样貌发生了很大变化：从数寄屋桥御门开始向东南延伸的晴海大道被修正，三十间堀川上架起了三原桥，筑地川东侧填水造陆（现在的筑地）。

明治时期，东京中心允许剧场建设，浅草猿若町的守田座被转移至筑地的新富町，开创了明治前期的歌舞伎时代。随后，守田座变更为新富座，像西欧的剧场一样，作为上流阶级的社交场所。当时，东京日日新闻社社长、广为人知的剧作家福地源一郎（樱痴）在访问欧美后，提出了有必要在日本国发扬演剧文化的观点，并推进理想新剧场的建设。这种剧场不是照搬纯西洋风的剧场，而是在活用旋转舞台、花道等日本独特剧场构成的基础上，参照西欧剧场建筑而成。面向从银座通往筑地的晴海大道的地块被选为建设用地，这里正是曾经作为江户戏剧街区的木挽町一带，新剧场被定名为“歌舞伎座”。歌舞伎座（第一期）于 1889 年（明治二十二年）11 月 3 日竣工，21 日开幕（图 3-4-1）。

**第一期歌舞伎座 — 第二期歌舞伎座**　　从照片上看，第一期歌舞伎座貌似砖砌结构，但据藤森照信博士（东京大学名誉教授）的说法——有关于建筑木结构抹灰的记述，似乎应是用抹灰表现砖砌结构风格的木结构建筑，因为其内部有大

48　1648—1858 年，歌舞伎演出剧场。

49　1642—1714 年，歌舞伎演出剧场。

空间，如果不是钢结构，那么主结构使用木造应该是合理的。总的来说，这是一座面向晴海大道一侧有着 3 层高正面外观的左右对称的洋风建筑。建筑内部吊顶呈展开的伞形样，这应该是出于对音响的考虑；从舞台至客席为传统的平土间及高坐席，左右设置大小花道；当初开幕时的设定人数为 2066 人。舞台设置蛇目旋转机关[50]，外圈直径 9 间（约 16 米），内圈直径 7 间（约 12.7 米），花道长 10 间（约 18.2 米），宽 5 尺（约 1.52 米）。舞台与客席之间设置台口，但不是西欧舞台那种接近拱形的曲线形状，而是呈直线形，并附设台幕——这些做法是一直传承至今的歌舞伎座的原型。设计者为高原弘道，施工由日本土木公司完成。

如此绚丽开场的第一期歌舞伎座随着经营方式的公司化及经营层的更替，逐年进行改装，演出也持续顺利；但是，1911 年（明治四十四年），日本首家纯洋式剧场“帝国剧场”在丸之内开场后，歌舞伎座逐渐陷入了困境。为了脱离困境与洋式的帝国剧场抗衡，歌舞伎座改建为纯和式剧场。

1911 年 10 月末，第二期歌舞伎座完成；但上演状况并未达到预期。1913 年（大正二年），当时正式从大阪进入东京，相继将新富座、本乡座收入旗下的松竹合名舍的大谷竹次郎接管了歌舞伎座的运营。

由于第二期歌舞伎座是第一期的改筑，所以可以推测其舞台台口、舞台构成、设定人数等与第一期相同。改筑设计为清水正太郎，施工由名古屋积水组完成。建筑外观为纯和式的奈良宫殿风格的柏木造，内部被改装为金箔双重上折的格子状吊顶。客席吊顶中央设置弧光灯，据说还配备了无数电灯（图 3-4-2）。

1914 年（大正三年），第一次世界大战爆发，演出行业的环境逐步恶化。大谷竹次郎在租借歌舞伎座后，开始了松竹合名社直营的演出活动。1921 年（大正十年），由于电气室起火，歌舞伎座被烧毁，第三期歌舞伎座的建设亟待进行。1922 年（大正十一年），计划方案发表，工程启动在即，1923 年（大正十二年），举行上栋仪式。

**第三期歌舞伎座 — 第四期歌舞伎座**　正当第三期歌舞伎座的内部工程紧张进行时，关东大地震导致的火灾发生了，所幸建筑结构为不燃的钢筋混凝土，外墙得以保存，但内部则被完全烧毁。面对接二连三的灾难和事故，相关人员没有

50　同心圆状的大小两个旋转舞台。现在使用的旋转舞台为一个。

图 3-4-1 第一期歌舞伎座（1889 年竣工） 照片提供：松竹

图 3-4-2 第二期歌舞伎座（1911 年竣工） 照片提供：松竹

屈服，再建工程继续进行，1924 年（大正十三年），第三期歌舞伎座终于竣工（图 3-4-3）。

设计为冈田信一郎[51]，施工为大林组。建筑外观为 3 层博风的安土桃山样式，钢筋混凝土结构，地上 3 层，地下 1 层，白色抹灰外墙，重要之处装饰金色的金属构件。正面中央玄关的大出挑唐博风及中央上部的大屋顶极具象征性。内部装饰为使用白木柏材的纯和式，开幕当时的设定人数为 2474 人。舞台正面宽度 15 间（约 27.3 米），旋转舞台的直径为 60 尺（约 18.2 米），设置蛇目旋转机关，蛇目宽 8 尺（约 2.42 米），内圈 46 尺（约 13.9 米）。从第三期开始，歌舞伎座引入了近代化的照明装置，且在舞台深处设置了半圆形透视背景。客席吊顶为传统的格子吊顶，据说其上张贴金丝织布。

冈田信一郎是当时具有代表性的建筑家，对各种样式均能运用自如，集技艺之大成，从他的代表作大阪中之岛公会堂及明治生命馆即可见一斑。他结合歌舞伎发源时江户初期象征性的华丽的安土桃山式样，同时使用钢筋混凝土结构，完成了绚丽的第三期歌舞伎座的设计，这也正是其被称为“样式的魔术师”的原因。

第三期歌舞伎座除高坐席、3 层坐席（一部分为椅子）以外的坐席均为椅子，废除了茶屋制度，与当时的其他歌舞伎座相比，脱胎换骨为一座更加近代化的剧场。此外，在客席的后方设置了监视室，能够方便、快速地应对表演中突发的舞台故障。

在第三期歌舞伎座持续顺利进行的演出中，太平洋战争爆发了，歌舞伎座也被战祸所裹挟，在 1945 年（昭和二十年）5 月 25 日夜半至 26 日凌晨的空袭中，受损。虽然钢筋混凝土造的外墙正面还有残留，但钢结构屋顶及阶梯坐席均被烧塌，内装也全被烧毁（图 3-4-4）。

随后，开启了歌舞伎座的复兴计划。1949 年（昭和二十四年），新建设开工，负责设施管理运营的株式会社歌舞伎座也同时设立。由于当时的社会情势，物资匮乏，因此尽可能再利用并改建了第三期歌舞伎座残存的结构体。1950 年（昭和二十五年）12 月，第四期歌舞妓座竣工（图 3-4-5）。

51 冈田信一郎（1883—1932 年），1906 年东京帝国大学毕业，早稻田大学、东京美术学校教授，活跃于大正至昭和初期。精于巧妙使用样式的建筑家，代表作有中之岛工会堂（1918 年）、歌舞伎座（第 3 期，1930 年）、东京复活主教座堂改建（1930 年）、明治生命馆（1934 年）等。

图 3-4-3　第三期歌舞伎座（1924 年竣工）　照片提供：松竹

图 3-4-4　遭受战灾的第三期歌舞伎座　照片提供：松竹

**图 3-4-5　第四期歌舞伎座（1950 年竣工）** 照片提供：歌舞伎座

第四期歌舞伎座的设计者被选定为吉田信一郎的弟子建筑家吉田五十八[52]，施工由清水建设完成。关于晴海大道一侧的正面外观，吉田在继承第三期特征的同时，一方面，将中央大屋顶变更为缓坡金属屋顶。在以丸之内东京站为代表的屋顶毁于战灾的建筑重建中，屋顶形状变更为简洁朴素的式样是常用手法，此外，屋面材料由瓦材变更为金属，重量减轻，也减少了建筑总体用钢量。另一方面，他将建筑内部由安土桃山风格变更为吉田流的现代和风。尤其是客席内部的吊顶，没有使用第二期、第三期的格子吊顶形式，而是变为斜向上折的吹寄竿缘吊顶[53]。没有像第三期那样强调华丽的装饰，而是以现代的构成为基调，以浓重的朱漆立柱栏杆以及金色的金属构件等的表现力呈现华丽。此外，大厅及客席等处使用了符合时代的间接照明。开场设定人数为 2600 人，舞台台口宽 15 间 1 尺（约 27.6 米），花道长 10 间（约 18.2 米），宽 5.3 尺（约 1.6 米）。

52　吉田五十八（1894—1974 年），1923 年东京美术学校毕业，东京美术学校教授。确立了将数寄屋造传统现代化的独特样式。代表作有歌舞伎座（第 4 期，1951 年）、明治座（1958 年）、日本艺术院会馆（1958 年）、五岛美术馆（1960 年）等。

53　指吊顶板下部的细长支撑材或装饰材数根成组后，再按一定间距排列的吊顶形式。

**重建第五期歌舞伎座的原委**　　歌舞伎座的再开场，作为战后复兴的象征是一件令人印象深刻的大事件。第四期歌舞伎座在此后 60 年间（从第三期算则是 86 年间）得到了爱好者的厚爱，作为歌舞伎的殿堂，培育了众多演职员；但是，建筑的老化程度也到达了极限，舞台设备的陈旧以及剧场功能的不足变得越来越明显，而更致命的问题是经历了两次火灾的躯体的劣化以及抗震性能的不足。想充分掌握并改善遭受过火灾的躯体的劣化状况极为困难，同时必须确保其作为公共设施的安全性，最终结果，为了彻底解决问题，除了重建别无他法。

歌舞伎座的建筑为株式会社歌舞伎座所有，演出由松竹株式会社进行。由民间（松竹集团）维持歌舞伎这项日本传统艺能，仅靠演出收益多少会有些吃力，回顾过去，也曾几次历经演出不振的时代。为了筹集资金用于功能更新，并保证剧场的安定以持续运营，有必要高效利用土地，推进不动产事业。也就是说，在继承歌舞伎座传统的同时，同步实现功能更新、设施运营、演出，以及不动产事业是歌舞伎座再生项目的重大命题。于是，GINZA KABUKIZA（歌舞伎座 ·歌舞伎座塔楼）项目开启了。剧场部分的建筑主要为有限公司歌舞伎座所有，歌舞伎座塔楼主要为 KS Building Capital 特定目的公司所有，开发业务委托给松竹股份公司。开发活用城市更新特区制度，整备位于银座的文化据点，再生舞伎专用剧场歌舞伎座，整合发扬歌舞伎文化的交流设施，开发租赁办公功能，在以上措施下，共同打造一处复合性的建筑（图 3-4-6）。

本项目的建筑设计由三菱地所设计及隈研吾建筑都市设计事务所共同承担，而整体整合协调、结构设计、设备设计、城市规划、历史调查等由三菱地所设计单独进行。前代歌舞伎座的设计者吉田五十八的弟子今里隆[54]担任剧场监修。施工方面则接续第四期，由清水建设实施。

54　1927 年生人，杉山隆建筑设计事务所代表。1949 年东京美术学校毕业，师从吉田五十八。代表作有池上本门寺八角堂（1985 年）、大客殿（1987 年）、平山郁夫美术馆（1997 年）、国籍馆（1984 年）、南座的改修（1991 年）等。

图 3-4-6（左）GINZA KABUKIZA 全景　© 小川泰祐摄影事务所
（右）从昭和大道看歌舞伎座塔楼　© 小川泰祐摄影事务所

## 3.4.2 继承与进化的项目

**应该继承什么，应该进化什么**　歌舞伎座，从第一期诞生至第四期闭场已有121年的历史。在同一场地，同样用途的建筑能经历反复3次重建或改建的情况是很罕见的。像歌舞伎演员代代承袭名号以继承传统一样，歌舞伎座建筑作为歌舞伎专用剧场，也可以说是在继承传统的同时，随时代的变迁进化、发展至今。

第五期应该对前代第四期有所继承，但这并不是通过保存建筑进行的继承，对传袭至今的“歌舞伎座”传统的继承，才是命题之所在。那么，长期以来，培养至今的歌舞伎座的剧场传统在哪里呢？它就在历代之中使用时间最长的第四期歌舞伎座中，它是歌舞伎专用剧场成长至今的最优解，也是观众、演员、运营者从各自立场出发积累的成果。我们在展开设计时，被这重大的存在所征服。

在研究应该继承什么，应该在何处加以深化时，仅分析建筑及空间是不够的，还必须对那些“看不到的要素”进行彻底分析和调查，它存在于创建剧场的相关人员之中。首先，要透彻了解第四期歌舞伎座，细心收集整理观众、演员、剧场职员、舞台职员的无意识经验。比如剧场大厅，考虑到幕间拥挤，一般会认为越宽敞越好，但也不能过于宽敞，稍显局促的状态更能够呈现剧场的活力；随处使用的浓重朱红色是歌舞伎座的主题色，是否能有效使用朱红色直接关系着场景是否逼真；为了减少舞台演员脚部的负担，后台走道的地板需要适度的柔软；等等。我们吸收了上述经验，并将之灵活地融入设计之中，而这种经验的连续性正是歌舞伎座的设计关键。

**担负着银座城市更新的文化据点的打造**　近年来，作为东京繁华街区的代表，银座的城市更新正稳步进行着。虽然东银座是银座的一部分，但由于隔着宽大的昭和大道，其人气被隔断，人们期待歌舞伎座的重建成为东银座地区再生的重要的起爆剂。

这个项目，活用了城市更新特别地区（特区）制度——指将借助民间的创造力为城市更新带来巨大效果的开发项目作为城市规划的特例，在设计上给予较高自由度的制度。在本项目中，为了继承日本的传统艺能“歌舞伎”而再生“歌舞伎座”这座殿堂式剧场，同时引入相关功能，促进歌舞伎文化的宣传、国际性和地域性公众的交流，促使通往地铁东银座站更为便利，以及在灾害时提供临时避难场所，为城市基础设施的整备作出贡献。以上均是能够使用上述制度的重要条件。

### 3.4.3 新生歌舞伎座与超高层塔楼的合筑

**解决困难且复杂的谜题**　这次项目的建设基地稍有扩大，在从前的歌舞伎座（剧场）及歌舞伎座大楼（办公楼）的基地周围附加了小块土地；但是，在有限的基地中，实现剧场功能的扩充以及与超高层办公塔楼的合筑是一项困难且复杂的谜题。在表示出晴海大道的南北剖面图（图 3-4-7）中，可以看到晴海大道一侧瓦屋面前端几乎保持从前的位置不变。剧场的位置与第四期的相同，按照从正面经前庭—玄关—大厅—客席—舞台—后台的顺序配置。舞台上部有收纳悬挂物的挑架，舞台下部容纳旋转舞台及升降舞台，并考虑了大型道具收纳的台底空间——较第四期剧场进行了大幅度扩充，此外，从一层至三层的后台空间也被扩充。像这样，在剧场的设计中，各种功能被塞得满满当当，一点余地也没有。

那么，在内含无柱大空间且占据了整块基地的剧场上方，在哪里建造超高层办公塔楼呢？复合剧场及塔楼的平面及结构规划是本项目的关键所在。

剧场与办公合筑的先例并非不存在，比如在明治座及博多座等先例之中，办公部分均建设于剧场大厅的上部，其原因是在大厅中设置立柱较为容易。在无法设置立柱的客席及舞台上部配置办公楼的做法，在结构上并不合理；但是，若采用如先例一样的做法，则会导致办公楼耸立于剧场正面——剧场很难以独立的形态呈现，如此进入剧场时，会给人好像进入办公楼中的感觉。为了继承面向晴海大道的歌舞伎座的存在感，需要尽可能后缩塔楼，以独立展现歌舞伎座的形象。也就是说，即使结构设计相当困难，也不得不将塔楼配置于舞台上部。最终，通过结构上的精心设计，从晴海大道的道路边线至塔楼的墙面实现了 35 米的后退距离（图 3-4-8）。

在一层平面图（图 3-4-9）中，塔楼建设于哪块区域的上方，即使是专家，乍一看应该也难以判断。包含避难楼梯及消防电梯的塔楼核心筒（指电梯、楼梯、

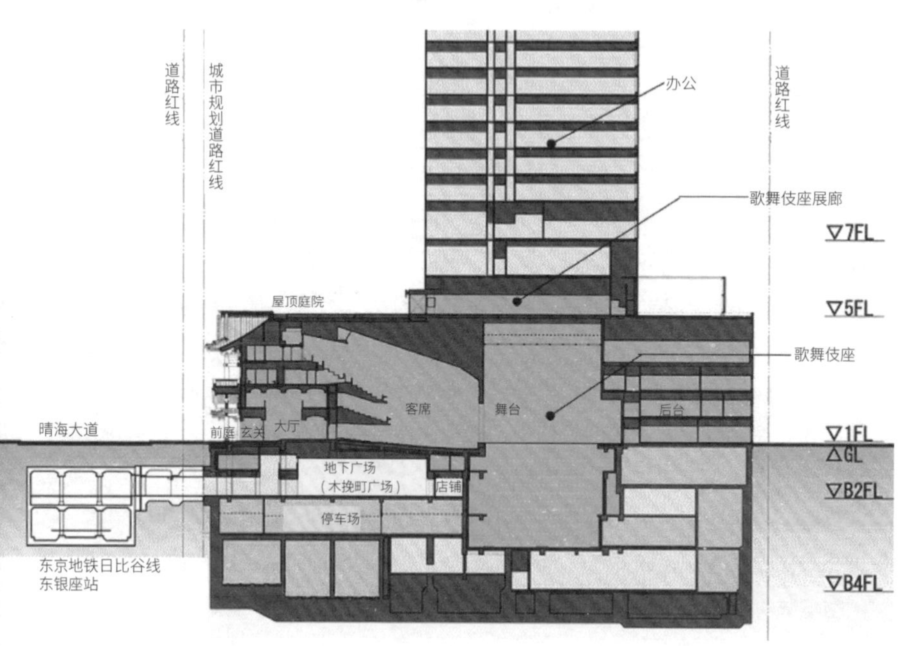


图 3-4-7　GINZA KABUKIZA 南北剖面图

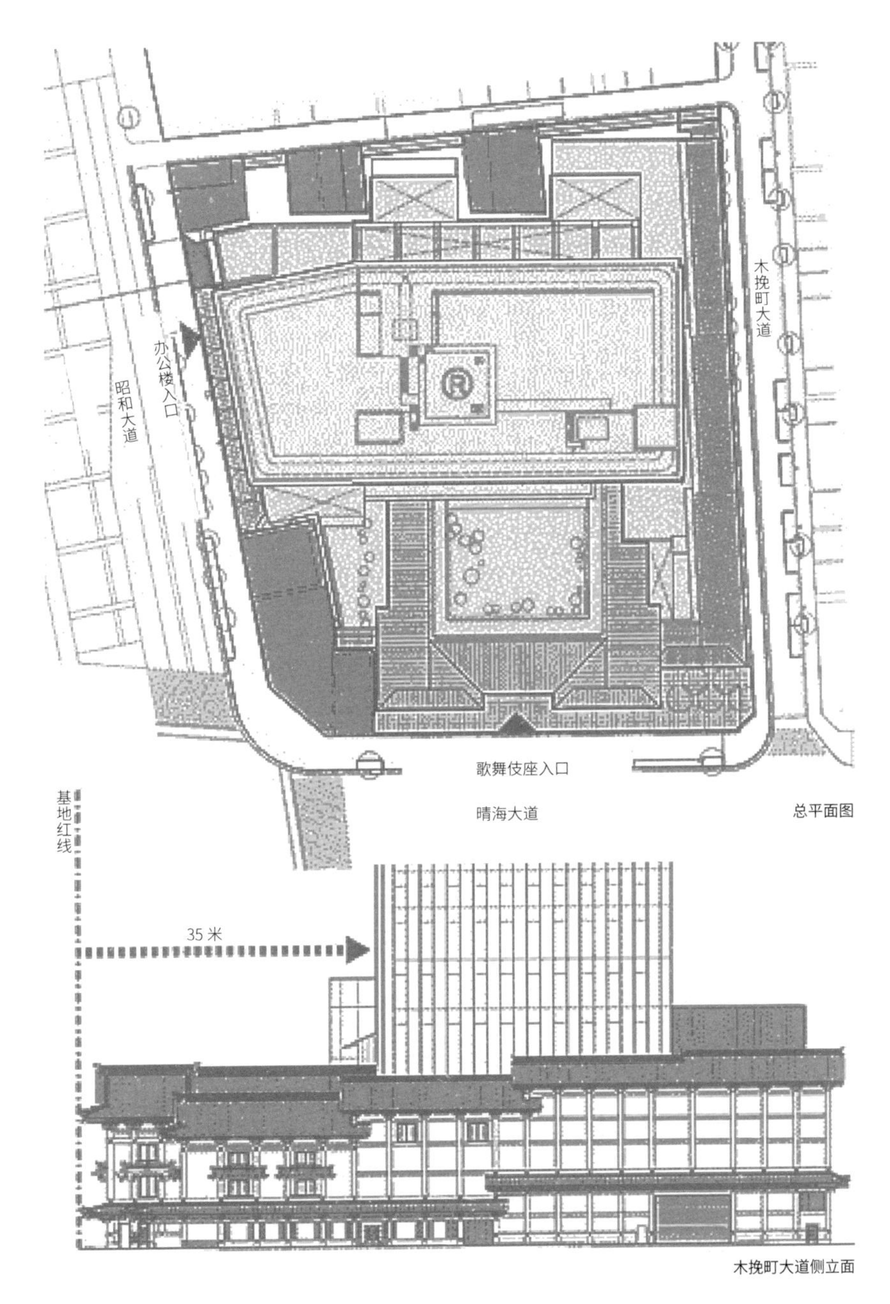


图 3-4-8　GINZA KABUKIZA 配置图

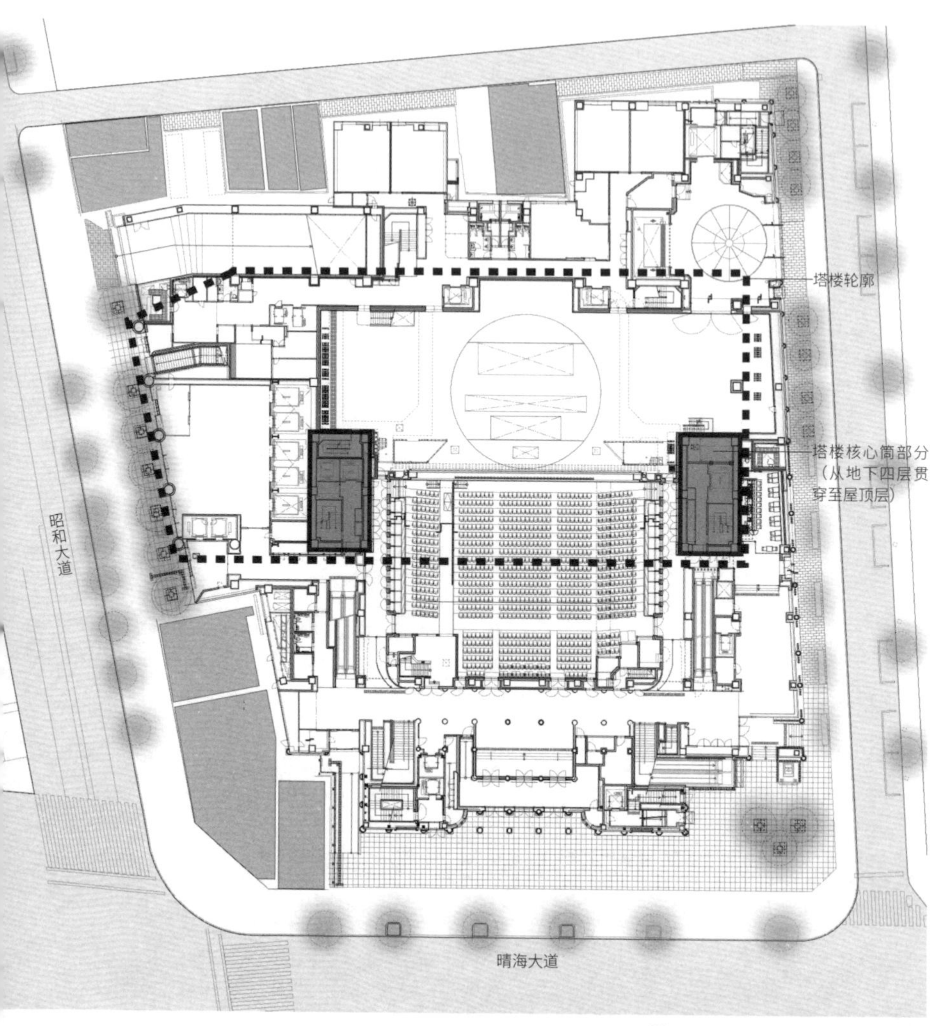


图 3-4-9　GINZA KABUKIZA 一层平面图

卫生间等共用部分）的一部分落脚于舞台的两侧，仅这里的功能从地下四层贯穿至屋顶层。

办公入口面向昭和大道，区间电梯连接了一层 · 地下二层与七层空中大厅。前往办公标准层，需要在七层空中大厅换乘通往各个办公层的普通电梯。之所以采用这样的办公动线，正是由于塔楼位于剧场舞台的正上方，普通电梯无法落脚在一层的缘故。

标准办公层的平面，在南侧（晴海大道一侧）配置核心筒，办公室面朝西北向。若考虑到办公室的景观，能够远眺东京湾的南向也很好；但考虑到与歌舞伎座的关系，我们最终确定了上述配置。虽然这同时也有结构上的原因，但主要是意在控制作为歌舞伎座背景的办公塔楼的表情：若在南侧配置办公空间，办公塔楼的光线会漏出，在歌舞伎座背后会显得刺眼，而在南侧配置核心筒，减少了墙面开口，能够使作为歌舞伎座背景的塔楼设计合宜（图 3-4-10，图 3-4-11）。

**土木工程尺度的巨型桁架的采用**　　前文已说明了必须在剧场的无柱大空间上部配置办公塔楼的原因，下面进一步说明实现上述设计的特殊的结构规划。舞台在地上部分宽度约 40 米，高度从挑架至台底约 40 米，是无柱空间，其上部横跨着钢结构巨型桁架——钢骨以三角形方式组合而成，部件通过直线方向的轴力抵抗外力，是一种高效率的结构形式，多用于铁塔及桥梁等土木构筑物中。这座建筑可以被想象为，无柱空间上部的超高层塔楼由一座巨大的“铁桥”支撑着。作为高层建筑中使用的巨型桁架，这在日本属最大级别，设计时连同施工方法同步考虑，是对尚无先例的结构形式的挑战（图 3-4-12）。

从超高层塔楼到下层无柱空间的结构转换是借助五、六层的两层空间形成的，其中配置巨型桁架。巨型桁架东西方向有斜向构件，对所在空间的使用有所制约，但由于其正处于剧场与办公的分界线处，六层作为供给上下的设备机械室，五层作为展廊——合理配置不受结构制约的功能。

此外，巨型桁架的施工也需要精心规划。在上部构筑建筑物时，桁架会因荷载发生挠曲，因此要根据这种逐渐发生的挠曲，随时用立柱顶起，从而在上部结构保持水平的同时推进钢结构的搭建（铁骨建方[55]）。施工者提案的特殊起

55　钢结构的柱与梁在现场组合搭建的工程。

图 3-4-10 歌舞伎座塔楼的外装（左）与椽子尺度相吻合的塔楼外装
（右）带有阴影的纤细的捻子连子格

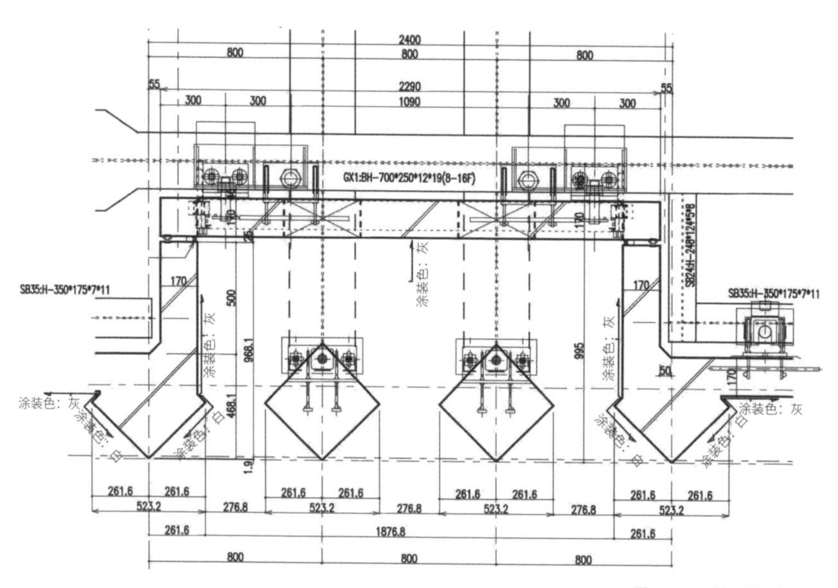


图 3-4-11　捻子连子格详图

巨型桁架使得舞台的无柱子空间与高层塔楼的复合成为可能

施工中，针对巨型桁架的变形，能够进行 0.1 毫米的油压起重单位控制，从而得以一直保持高层部分楼板的水平

**图 3-4-12　巨型桁架**

重方式发挥了效用，实现了对建设的高精度管理。

**街区与综合体互相协作的“戏剧街区”的打造**　　晴海大道的下部有地铁日比谷线的东银座站。从前，通往地铁大厅仅有上下各一部楼梯，狭窄到甚至连人们擦肩而过都困难，当时来过歌舞伎座的人应该都有这种苦恼的记忆吧。在第五期项目中，建筑的地下与地铁大厅实现了无高差的畅通连接。在剧场的正下方设置有地下广场——木挽町广场，从那里出发前往前庭·剧场、办公，以及穿越建筑内部前往地上昭和大道，各种动线都被分别规划设计：前往歌舞伎座，先从地下广场上至地上前庭，再像从前一样从正面玄关进入；前往办公入口及穿越至昭和大道的人可以利用地下广场旁的自动扶梯或电梯（图 3-4-13）。

歌舞伎座并非坐落于公园中，而是建设在街区中的剧场。因此，地上的前庭未必足够宽敞，而地下的木挽町广场正成为歌舞伎座的“前方广场”，作为一天 2 次（或 3 次）公演的观众集散空间，有效发挥着作用。

剧场的屋顶设置庭院。在这里可以近距离看到歌舞伎座魄力十足的瓦屋面，并且与相邻的歌舞伎展廊一起，形成了街区的观光据点。考虑到歌舞伎国际文化交流的功能，庭院应该成为促进公众交流的“欢迎的空间”；所以，设计以“庭置一如”为主题，意在使建筑与庭院能够被一体化感知和体验。这不是一处彰显自身设计的庭院，而是允许来访公众能够自由出入，放松休憩的以“和”为基本的回游式庭院。虽然宽 24 米、深 19 米的庭院绝不算宽敞，但在设计上瞩目于从建筑内部能观看到的景观，在近景、中景、远景均点缀有树木，并在高度上加以变化，以营造出进深感。同时，设计消除了建筑与庭院间的高差，使轮椅使用者也能够方便地展开回游（图 3-4-14，图 3-4-15）。

通常的屋顶庭院每平方米的荷载约 1 ～ 1.5 吨，由于这次的庭院位于剧场大空间的上部，荷载限制条件非常严苛，要求每平方米控制在0.6吨以下。设计中，我们在采用轻量土壤的同时，精心计算植栽、土壤、石材、点缀物的重量，以寻求荷载的分散化，最终完成了几乎感受不到上述严苛条件限制的设计。

**旧木挽町繁荣景象的复活**　　在第四期歌舞伎座中的零售店等功能，不进入剧场就无法意识到其存在，在第五期中，零售店则被布置在面向木挽厅大道的地方。

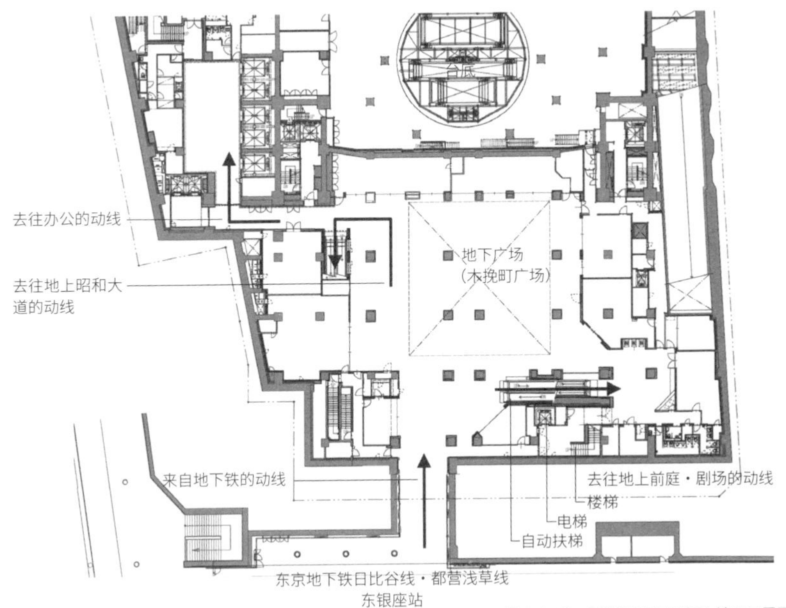

图 3-4-13　GINZA KABUKIZA 地下二层平面图

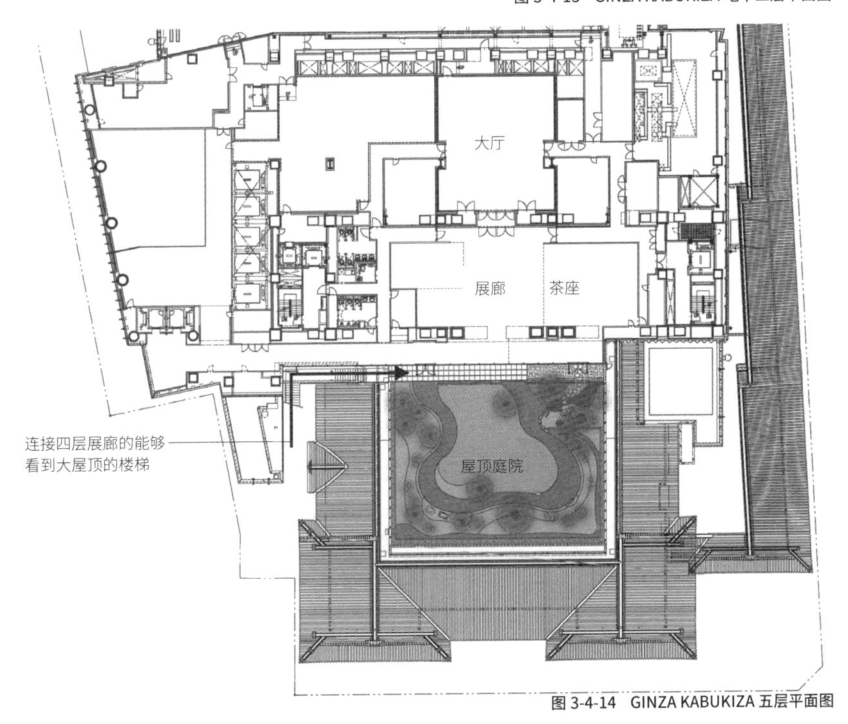

图 3-4-14　GINZA KABUKIZA 五层平面图

图 3-4-15 （上）木挽町广场（地下二层） © 小川泰祐摄影事务所
（下）屋顶庭院（五层） © 小川泰祐摄影事务所

这种做法将建筑原本封闭的木挽町大道一侧墙面变得面貌一新，热闹非常。此外，设计还将带有歌舞伎座特质的瓦屋面及灰泥色调的白墙做法运用于这道墙面的整体设计，使得“木挽町大道 = 歌舞伎座所在的街道”这种认识逐渐形成。

位于银座中心与筑地之间的 GINZA KABUKIZA 吸引着来往人群，改变着人群的流向。由于这里除了剧场内的食堂以外，没有其他正式的饮食店，所以不管是歌舞伎座中的人，还是在歌舞伎座塔楼中工作的人，都需要利用周围街区的店铺来解决饮食问题。GINZA KABUKIZA 作为东银座地区城市更新的起爆剂，实现了其效果，带来了超越预期的繁荣城市景象。

## 3.4.4 使用现代构法创造传统的和式建筑

**如何用钢结构创造和式建筑**　　在第四期歌舞伎座中，使用钢骨钢筋混凝土结构实现了传统的和式建筑；在设计第五期时，为了沿袭第四期的造型，同时考虑到剧场的隔音性能，采用与第四期同样的混凝土类结构最为理想。在设计阶段，我们研讨过歌舞伎座使用钢骨钢筋混凝土结构 + 高层部分使用钢结构这种混合结构做法；但是，混合结构会带来多种制约，比如必须在多处设置剪力墙等，研讨的结果认为，使用混合结构在有限的基地中完成这个复杂的设计并不适合。一方面，单独使用钢结构虽然也会带来各种各样的问题，但通过精心设计还是有可能解决的。另一方面，在第四期的拆除工程中，我们发现椽子是中空制作的，由此可以推测当时的屋顶及内装等部件都尽可能制作得轻盈。综上，我们确信选择钢结构是合理的。

第五期歌舞伎座的正面外装基本再现了第四期的形态，有区别的部位仅在于为了确保雨天的避雨效果而稍稍加大了一层的挑檐，以及为了实现无障碍化而取消了玄关前的楼梯等微妙的变化。第五期的建筑虽然不能说是保存或复原，但就其再现的忠实程度而言，不亚于三菱一号馆。相对于第四期的钢筋混凝土结构，虽然使用钢结构时的细部尺寸处理更为严苛，但我们依然正确复现了第四期歌舞伎座的形态（图 3-4-16，图 3-4-17）。

第四期歌舞伎座的正面外装继承自第三期，柱 · 梁 · 墙体 · 斗拱 · 椽子均为混凝土浇筑，表面进行抹灰处理。在这次工程前，我们精细测量了各种部件

第四期

第五期

图 3-4-16　第四期与第五期歌舞伎座的外装比较　© 小川泰祐摄影事务所

图 3-4-17　第四期与第五期歌舞伎座的屋檐外装比较

的形状，带有装饰的博风板、悬鱼、驼峰等均加以采集或用树脂模板刻录，而用钢结构再现原造型，会遇到很多不得不克服的难题。部件必须在工厂制作，现场组装；必须在忠实再现第四期形状的同时，满足抗震性、耐风性、耐久性的要求。我们在反复试验、不断摸索后决定不限于使用单一材料，而是将适用于不同部位形态的多种材料进行组合：平整墙面的部分，采用 PC 板（Precast Concrete），这是在工厂中通过模板浇筑混凝土制作而成；柱 · 梁 · 斗拱 · 博风板 · 悬鱼 · 驼峰等要求纤细造型的部件，采用玻璃纤维与砂浆固化而成的 GRC（Glass fiber Reinforced Concrete）。此外，椽子的形状对应倾斜向上的屋顶形态各不相同，使用模板成形的方式效率不高，因此采用了铝板熔接制作的盒状成形部件（图 3-4-18）。

接踵而来的难题是如何通过设计弱化上述部件之间的接缝。相对于钢筋混凝土结构，钢结构的变形较大，因此需要将外装的构成部件适度分割后再安装，并在部件间需要设置吸收变形移位的缝隙。在第四期歌舞伎座中由于使用了钢筋混凝土结构，并未留有这样的缝隙。面对这个难题，设计重回和式传统样式，参考了木结构轴组构法的细部处理。因为木结构建筑也是由各种部件组合而成，因此可以参考其部件交接处的主次关系，尽可能将缝隙设置于自然的位置。

外装的涂装色彩同样是基于对第四期歌舞伎座的分析。采集第四期部分墙

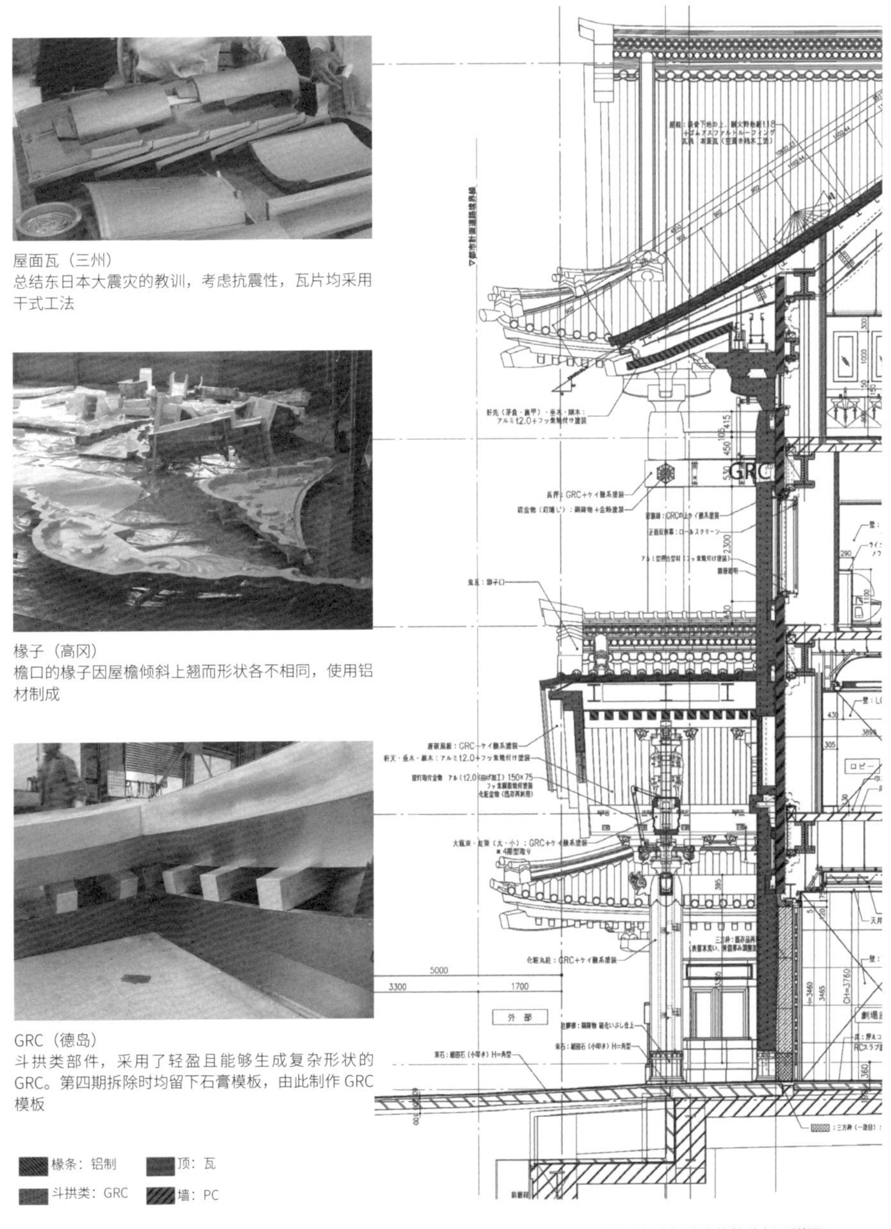


屋面瓦（三州）
总结东日本大震灾的教训，考虑抗震性，瓦片均采用干式工法

椽子（高冈）
檐口的椽子因屋檐倾斜上翘而形状各不相同，使用铝材制成

GRC（德岛）
斗拱类部件，采用了轻盈且能够生成复杂形状的GRC。第四期拆除时均留下石膏模板，由此制作GRC模板

图 3-4-18　第五期歌舞伎座的整体剖面详图

面，用砂纸磨刮以确认各个时代的涂装面，而通过对涂装剖面进行的显微镜分析，我们确认了始于第三期竣工时的 12 层涂层膜。颇具趣味的是，在白色系的涂层中，发现了一处黑色涂层——这应该是战灾时因火灾产生的煤烟层，从而可以推测煤烟层上方的层次即为第四期当时的颜色——这是种稍稍倾向于乳油色彩的白色。然而，若想通过这样的小片取样来再现大片墙面的颜色，实在非常困难。最上层是留存于记忆中的最后的第四期的颜色，将此颜色与第四期原初的涂层颜色相比较，可以得到第四期原初颜色的意向。由此，第五期外装颜色的方针被定位于对第四期原初颜色的再现。

上述研讨的结果最终通过外装的实物大小的模型进行确认：与实际施工相同，对各部件进行组合，并安装装饰金属部件，铺设瓦片，经相关人员对其观察确认、反复调整，直至一致认可。如此辛勤劳作带来的结果是，最终完成的第五期歌舞伎座的外装既延续了第四期的记忆，又给人以新鲜的印象，实现了大家意愿中的形象。

**融合了新旧技术的造物**　图 3-4-19 是第五期歌舞伎座正面玄关唐博风屋面的剖面图，它正确描摹了第四期的外装形状，但我们可以看到，在屋面瓦垫板及檐口椽子之间的有限空间中，组建了钢骨架构。由于构成外装的各种构件及钢骨材料分别由各厂家生产后搬运至现场进行组合，因此各部件的交接必须以毫米为单位进行控制，并正确反映到制作图中。

和式建筑的屋顶，起坡及曲线要素相当多。若是木结构，工匠可以绘图并自己加工木材进行组装，而这次以钢结构建设和式建筑，工匠不但要凭借知识与经验绘制施工图，并将信息反映至各部件的制作图中，而且整个工程必须在短时间内完成。承担施工的清水建设公司拥有专门的寺院建筑设计团队，凭借他们的经验，并在有着和式建筑保存及复原经验的工匠们的配合下，进行第五期外装与屋顶的施工图绘制。工匠用 CAD（电脑制图）绘制好后，将图形打印在大型半透明用纸（聚酯薄膜纸）上，铺排于原尺寸场地中，以此确认各部件的交接，并以毫米的精度进行把控。之后，在被表面材料围合的空隙中，结构设计师绘制钢骨的尺寸。各种表面材料厂商的人员都集结于现场，一旦遇到因为铁骨的原因不得不改变表面材料做法的情况，可以当场找出解决方案。在原尺寸场地中决定的部件尺寸即时反映至 CAD 图中，各个厂商随后据此绘制各部件的制作图。在实际尺寸检查的最终阶段，屋顶的实寸图被绘制于大型胶合板上，这种根据部件种类上色的“原寸看板”被搭建在位于江东区木场的清水建设的工厂内。

歌舞伎座屋顶的两端倾斜上翘。理论上，屋顶应呈中央部水平，两端倾斜上翘的形态，但由于视错觉，本应是水平的线条会呈略微弯曲的形状。于是，我们通过稍微下调中央部分的方式，实现了人眼看上去水平协调的效果。原寸看板的重要作用，就是可以借助它确认像这样的微妙调整。想来，在大正时期设计第三期歌舞伎座时，在昭和战后设计第四期歌舞伎座时，应该也会有同样的工作发生在原尺寸场地或原寸看板所在地吧。

第五期歌舞伎座的屋面采用了本瓦葺[56]做法。由第四期的瓦片背面刻印可知屋面瓦生产于京都，其中兽头瓦[57]有裂缝，损伤较为严重。考虑到抗震性及耐久性，第五期采用的本瓦葺做法将原本的湿式工法变更为干式工法。瓦片使用爱知县三河地方制造的三州瓦熏银，包括兽头瓦在内，全部为新制。第五期的屋顶由 10 0000 片本瓦及 3 米超大尺寸的兽头瓦构成。兽头瓦尺寸巨大且形状复杂，由被称为“鬼师”的匠人亲手制作（图 3-4-20）。

在通常的建筑中，基本没有在接近瓦屋顶的后方建设超高层塔楼的例子。歌舞伎座的屋顶位于受来自塔楼下落的强风吹击的场所，瓦片需要有相应的耐风性能，因此其做法较通常的安装强度有所加强。然而，瓦工程是极其费时耗力的工作，工程相关人员表达了反对意见：“在 1200 年的历史中都没有这么做的。”的确，歌舞伎座的屋顶相当于普通 8 座寺庙的体量，而且工期紧迫，不愿再增加费时的劳作是可以理解的；但是，由于在这样的地方铺设瓦片尚无先例，因此采取特别的对应方式是必须的。在我们竭尽全力说明了必要性后，最终达成共识。由于兽头瓦是大型的烧结部件，需要在其内部置入骨件，并通过螺栓进行固定。

4 层通高的剧场客席空间的巨大墙面同样需要特殊的精心设计。在第四期歌舞伎座中，剧场客席的巨大墙面上铺设着名为“业平格子”的菱形板片——由纤维板厚纸压模成形的材料制作而成。这是出于剧场的音响设计中墙体所承

56 陶制的平瓦与圆瓦交互组合排列的屋顶铺设方式。本瓦葺为自古以来的形式，在江户时代前期发明了不使用圆瓦的栈瓦葺方式。

57 设置于正脊、博脊、垂脊等末端的兼有导水功能的装饰瓦，有避邪及装饰的作用。

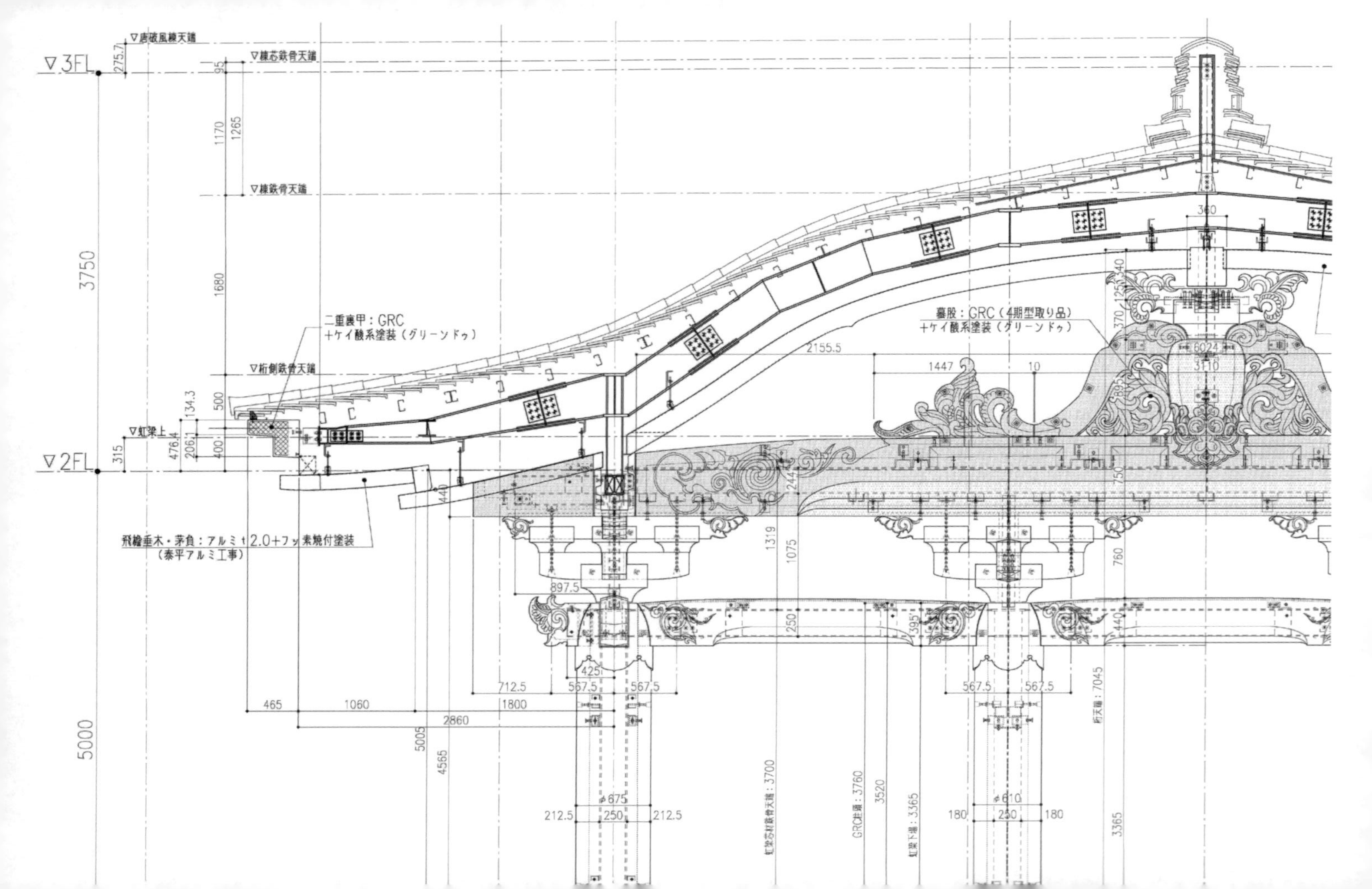

▽3FL
▽2FL
▽唐破風棟天端
▽棟芯鉄骨天端
▽棟鉄骨天端
▽桁側鉄骨天端
▽虹梁上
3750
5000
二重裏甲：GRC
+ケイ酸系塗装（グリーンドゥ）
蟇股：GRC（4期型取り品）
+ケイ酸系塗装（グリーンドゥ）
飛檐垂木・茅負：アルミ t2.0+フッ素焼付塗装
（泰平アルミ工事）
桁天端：7045
虹梁芯材鉄骨天端：3700
GRC柱頭：3760
虹梁下端：3365

再利用的金属构件及唐博风曲线的调整

在原寸图中进行结构及建筑的调整

通过原寸看板进行确认

图 3-4-19 **正面玄关口唐博风的详图**

图 3-4-20　正面玄关的唐博风屋顶（第五期歌舞伎座）

图 3-4-21　剧场客席的业平格子大型墙壁　© 小川泰祐摄影事务所

担的适度反射功能，以保证人及乐器的本声能够传达至全部客席。此次工程设计继承了业平格子的做法，并选用了与第四期特性相近的材料（图 3-4-21）。

由于第五期歌舞伎座为钢结构，所以必须保证纵跨 3 层的业平格子大型墙体在地震时顺应层间变形（各层在地震时的变形）的同时不会发生损毁。若按照通常的安装方法，需要设置 3 处水平分缝；但是，由于业平格子是菱形的，会出现分缝横切格子的情况，而出于对第四期设计的尊重，要尽量避免这种情况的出现。于是，我们将安装业平格子板的龙骨整体设计为一组，使得地震时格子板墙体整体的移位相同，从而取消了中间的分缝，而在大型墙体的外周，地震分缝照常实施。如此，在尊重第四期歌舞伎座旧有构法的同时，投入新技术，并在设计中开创出具有前瞻性的、保证可以安心持续使用的新构法。

## 3.4.5 继承了先代遗传基因的剧场功能的提升

**第四期歌舞伎座的印象与保持不变的剧场内部设计**　第四期歌舞伎座外装的继承能够在设计者的知识范畴内进行；但是，在内部空间的继承方面，对于逐渐生长而成的这座歌舞伎专用剧场，必须彻底地全面研究各种可见及不可见的要素，以明确继承的范围，而这仅在设计者的知识范畴内是无论如何也难以完成的，因为答案在每位管理运营歌舞伎座的职员和演员那里。换句话说，将通晓歌舞伎座的专家们的想法翻译至图纸中，才是内部空间设计的任务。

唐博风屋顶的迎宾正面玄关，在第四期歌舞伎座中设置了 3 级台阶（在第五期中出于无障碍的要求，采用了平坦的设计），3 处玄关门的周边装有石框，朱红色的大门上有黄铜的推门板，其中石框为大正时期在东京颇为流行的白色花岗岩的稻田石（茨城县）。第五期再利用了第四期的石框与黄铜按板，对于门上部花狭间纹样的格窗，也是将第四期的原物修补后再次安装使用。打开大门，进入门斗区域，门斗的墙壁为人造水磨大理石，再现了第四期的颜色及纹理。人造水磨大理石在第四期当时是比真石材便宜的材料，但在当今，由于已经基本不再使用，所以非常昂贵。

进入大厅是 2 层通高的空间，红地毯、红柱、明亮的吊顶……这是一处华丽的空间，人人都能从中感受到从日常世界到非日常世界的转变。在第四期歌舞伎座中，这里设有阶梯，作为在开闭演时有大量人流进出的场所，对于高龄者来说，存在一定危险性。虽然从无障碍的观点出发，也对是否能取消阶梯做过研讨，但由于“登阶梯”是一种能够让人实际感受到进入歌舞伎座领域的仪式化行为，因此，我们在减少梯段数量后将阶梯做了保留。由此，坡道的设置成为必然。根据业主方的意见——希望利用坡道的客人能够像利用阶梯的客人一样从正面玄关进入，设计利用正面玄关的侧面，做了相应的协调处理，而大厅红色圆柱的位置、数量、直径、颜色等均与第四期保持相同。在第四期中，钢筋混凝土圆柱直径为 600 毫米，同时承担侧向力及轴向力，并使用名为“cashew”的类似油漆的涂料加以涂装。在第五期中，圆柱为钢结构，设计使其仅承受轴向力，侧向力由隐藏在墙体中的立柱承担，以这种方式实现了与第四期相同的圆柱直径（图 3-4-22，图 3-4-23）。

图 3-4-22（上）第四期的一层大厅 ©小川泰祐摄影事务所

（下）第五期的一层大厅 ©小川泰祐摄影事务所

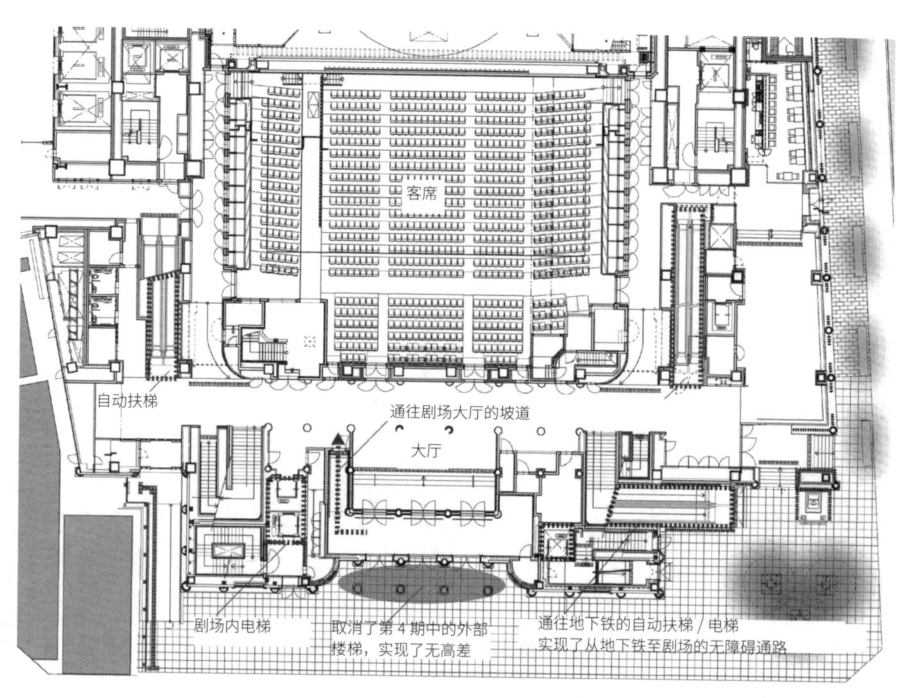


图 3-4-23　一层平面图 无障碍设计的基本概念

红色绒毯、向上弯折实现间接照明的吊顶、精心设计的门框、凤凰纹样的红色门扉、金色纹样的墙纸、红色水磨石的踢脚、安装在各处的呈现华丽气氛的装饰金属构件、通高空间周围的扶手等，第四期大厅的设计得以继承，人人都能体味出先代歌舞伎座的感觉。不同的是，第五期一层的层高较第四期稍有增大，通高空间周边的扶手也因为现行建筑基准法的要求而有所加高，通高空间的短墙随之有所加大。关于短墙的外饰面，第四期拆除时为金砂子的和纸，但因为据说第四期原初为西阵织布，所以在第五期中使用西阵织布并表现出金砂子的纹样。此外，第四期拆除时的大厅地面绒毯已并非原初物件，纹样也有所不同，在第五期工程中，复原了第四期绒毯的原初纹样——与宇治平等院凤凰堂中堂东侧名为“方立”的四方形立柱上描画的菱形纹样相同，为宝相华纹这种盛开于净土之花的蔓草纹样的变形，并结合了 4 只叼含着名为“咋鸟”花枝的鸟的造型。

在大厅的两侧有通往二层的楼梯。对于歌舞伎迷来说，这应该是极为熟悉的气氛浓厚的楼梯吧。沿袭第四期的设计，楼梯在第五期中被设置于与第四期相同的位置。

在第五期工程中，相对于第四期，主要有两方面的功能改善：一为增设了升降机（自动扶梯 · 电梯），二为扩充了卫生间。来歌舞伎座的高龄观众较多，女性的比例也较高，在第四期中由于没有升降机，前往二、三层的客席以及四层的幕见席[58]不得不使用楼梯；由于卫生间使用面积不足，幕见间会出现排队的现象。

自动扶梯成对配置于大厅两侧。在中央设置了通往二、三层席位的电梯以及通往四层幕见席位的专用电梯。在后台，为配合职员、演员的使用方便，在多处配置了电梯。值得一提的是，为了避免上述升降机与大厅的传统设计不协调，研讨多种方案后的结果，与铺设红色绒毯的楼梯相似，自动扶梯的梯段也制成红色，从而取得了与传统的“和”空间的协调。另外，为了在有限的空间内置入自动扶梯、电梯等设施，还必须对原有的功能进行更精心的安排，比如取消原在一层的卫生间，设置到地下一层，为要满足多种要求的一层腾出空间。

**观剧环境的继承与进化**　舞台正面宽 15 间 1 尺（约 27.5 米），高 3 间 1 尺（约 6.3 米），这个横长的台口尺寸与第四期歌舞伎座相同，客席的构成也基本和第四期相当，但两者都以功能完善为中心做了细致的改良。

在第五期中，为配合现代人的身体尺度，改善了观剧环境：比如研究了即使长时间观剧也不易疲劳的座椅方案，在宽度及前后间隔均留出余地；为了从三层坐席更容易观赏到在花道上表演的演员的上半身，将三层坐席的坡度稍加大；客席总数较第四期有所减少。

第四期歌舞伎座因声源音[59]能够很好地传达至客席而广受好评。因此，第五期对音效的继承也成为工程最重要的命题之一（图 3-4-24）。我们缜密地测定了第四期剧场内的音响，同时对内装材料的特性也加以分析，从中得知吹寄竿缘吊顶的形状以及业平格子墙壁的材质均起到了重要作用。另外还得知，朝三层方向的反射音较强，而向一层前方中央部的反射音则不足。因此，第五期客

58　仅观看指定幕次的客席，一般位于剧场四层。

59　指未经音响设备放大的原始声音。

席空间的设计在继承优点的同时，增强了抵达一层前方中央部的反射音，我们通过电脑模拟研讨空间的形状，测定并确认实际使用材料的特性，并制作 1/10 的模型进行音响试验。

说到具体可见的由第四期到第五期的建筑内部变化，那就是吹寄竿缘吊顶的形状。在第四期中，木制的竿缘从舞台向客席后方呈直线上行，竿缘之间的部分呈弧线形折曲向上，这种吊顶形状不仅有将声音向多方向反射的效果，还为室内带来了间接照明。第五期在沿袭上述设计的同时，为了增加朝向一层前方中央部的反射音，在吊顶上折的部分增设了音响反射板，材料是能够自由成形的玻璃纤维强化石膏（Glass Fiber Reinforced Gypsum，GRG）。精心的设计使得反射板与吊顶能够相互协调地形成一体（图 3-4-25）。

为了实现节能与长寿，吹寄竿缘所使用的间接照明采用了 LED。客席照明需要与舞台照明相协调，联动实现平滑的调光。原初的灯泡调光方式已被证明有效，而新的 LED 技术当时还在开发途中，在此次工程中用 LED 实现歌舞伎所要求的柔和且均一的光环境是一项新的尝试，设计团队一直到最后关头才选定了产品。最终，同时实现了期待中的照明效果以及器具的长寿化。

在客席空间的空调方面，也可以看到继承和技术进化。通常的设计过程是在一切待定的状态下，同步研讨建筑空间设计与空调系统设计；但是，此次要继承第四期歌舞伎座的设计，需要在空间形状乃至细部业已决定的前提下，满足客席空间空调系统的高性能要求。客席空间需要非常大的空调风量供给，“冷”“热”自不用说，连“感觉到风而带来不快”这样的抱怨也不应该出现。为了应对温度、气流、低噪声的要求，我们通过气流实验等方式进行重重验证，以推进设计，还借助了模型的体感模拟。最终，在完成了对第四期设计继承的同时，实现了期待中的空调环境（图 3-4-26）。

舞台台口再利用了第四期中的古旧柏木材。取下的原初材料上有细小的损伤及钉痕，而下方的材料由于冲撞等原因损伤较严重。对于损伤较大的部位，使用接木或楔木进行了修补，而细小的伤痕特意不做修补，作为历史的痕迹加以留存。此外，遮挡钉子的装饰金属构件也尽可能再利用了原初的材料（图 3-4-27）。

图 3-4-24　第四期歌舞伎座的客席　© SS 东京

图 3-4-25　第四期与第五期的客席 · 吊顶比较　© 小川泰祐摄影事务所

图 3-4-26　第五期歌舞伎座的客席　© 小川泰祐摄影事务所

舞台台口再利用了第四期的材料。取下后，表面进行轻薄切削，对翘曲加以修正，实施涂装后重安装。在修补破损部位的同时，对细小的伤痕予以保留

**图 3-4-27（上）从客席看舞台** © 小川泰祐摄影事务所

**（下）从舞台看客席** © 小川泰祐摄影事务所

**舞台设备与后台功能的提升**　与第四期相同，第五期歌舞伎座中设置了直径 10 间（约 18 米）的旋转舞台，其结构整体为日本最大；台底深度从第四期约 4.4 米扩大至 16.4 米，这使得大型道具的更换更为便利；收纳场所得到大幅扩充，对应各种曲目的升降舞台器械也得以扩充。正如“柏舞台”这个用语所描述的，舞台地面由柏木板铺设而成，其柔软度以及敲碰时由台下空间反射回来的声音等均有着歌舞伎独特的要求，而第四期旋转舞台周圈托梁所使用的大型木材，在现在已很难筹集，因此在第五期中被再次利用。

后台得到细致入微的改良。对于歌舞伎演员来说，后台可以说是第二个家，演出活动一旦开始，他们会有 20 天以上的时间从早到晚在这里度过。因此，为了尽可能提高演员生活的舒适度，我们下足了功夫。设计是在继承第四期歌舞伎座设计者吉田五十八的近代和风风格的同时，听取了吉田的弟子——担任本次剧场监修的建筑家今里隆先生的建议不断向前推进的。

在这里对后台中一间房间的构成做个介绍。在走廊打开推拉门，即为前室及次间，其中次间为随从的等候场所。在第四期中，前室与次间并未做分隔，而这次工程为了确保客人拜访后台时不至于看到内部人员，分隔了属于来客流线的前室和等候场所次间。实际上，后台同样是接待业内外重要人士的社交场所。在次间之内为本间，对于演员来说，这里是专注于角色的重要场所。由于以演员为首的各类演职员对后台均有其独特的使用要求，设计经过了多次的意见征询，尽可能对各种要求加以回应。应该会像第四期一样，在逐渐习惯的使用之中，空间日趋定制化，从而形成最为合宜的后场吧。

## 3.4.6 余音缭绕的建筑创作

**对旧建筑的尊重**　在说明第五期是如何沿袭第四期之前，有必要介绍一下第四期是如何在保留第三期的同时展开设计的。这里留存有第三期歌舞伎座刚刚遭受战灾后的照片（图 3-4-28）。

战争中，火灾由建筑后侧开始蔓延，所以仅有正面外装得以留存。窗洞周边有焦煤的痕迹，由此可以推测其内部曾着火。从客席拍摄的其他的照片（图 3-4-4）可以看到，大屋顶掉落，支撑阶梯坐席的铁骨受热弯曲，内装几乎被完

图 3-4-28　遭受战灾后的第三期歌舞伎座（留存有正面外装）照片提供：松竹

全烧毁。在对第四期的建筑物调查中，我们在吊顶内发现了埋至建筑躯体中的烧焦的木片。第四期歌舞伎座再利用了第三期正面残留的躯体，取消了大屋顶，改用高度较低的轻型金属屋顶，而内部则完全更新为新的设计。也就是说，第四期的正面外装，除大屋顶以外，基本沿袭了第三期的设计。

对第四期建筑物的调查发现，玄关门扇上部的格窗设计与第三期图面中所绘制的形状非常相似。根据其内部曾遭受火灾的严重程度判断，格窗不太可能是留存的原物。因此，可以推测吉田五十八沿袭了冈田信一郎在第三期中的设计。

在第五期歌舞伎座的设计中，对第四期设计的继承也可以说是对第四期的尊重。尤其是对古材的使用，对于观者来说，这是开启第四期记忆的开关，将眼前的第五期建筑与脑海中的第四期的建筑记忆相互重合，古材是带来这种体验的重要因素。

第四期正面玄关门扇周圈的门框石材被保存并放归原位。原初外部金色的装饰性金属铸造构件在第五期中也尽可能被再利用，研磨表面后以金粉涂装。从地下乘自动扶梯上行抵达的广场对面坐落的歌舞伎神社，也是第四期的原物。建筑内部，玄关门扇的黄铜制把手、大厅通高空间的扶手栏杆，以及舞台周边的台口都采用了第四期的古材（图 3-4-29）。

**不同于保存与再现的新的历史继承**　与我迄今参与过的日本工业俱乐部会馆、三菱一号馆、东京中央邮政局的保存及再现均不同，歌舞伎座采用了新的历史继承的方法，其主题不是对建筑历史价值的继承，而是对承袭先代的同时持续进化而成的歌舞伎专用剧场——第四期歌舞伎座传统的继承。这种继承的设计工作要倾听与第四期歌舞伎座相关的各类人士的意见，从中提取有价值的信息，并反映至第五期设计之中。形态的正确再现以及活用古材以传达古风的做法，与前例类似，不同的是设计对空间的尺度及平面进行了变更，而且最终完成了与第四期歌舞伎座记忆相连的创新性的建筑（图 3-4-30）。

第五期歌舞伎座完成后，观众、职员、演员都给予了“感觉回到了之前的歌舞伎座”的评价，对于设计者来说，因此而倍感欣慰。第五期歌舞伎座开业已七年多（2013 年开业），各处已经出现了变化——它每天都在向最合适的歌舞伎的专用剧场进化着。

剧场入口上方的格窗
歌舞伎神社
玄关门窗把手
玄关门窗的格窗
玄关框石
舞台台口
旋转舞台的托梁（不可见）
钉的遮盖构件
装饰金属构件

**图 3-4-29　第四期歌舞伎座的古材再利用**

图 3-4-30　第五期歌舞伎座的夜景　© 小川泰祐摄影事务所

| 历史继承表格　【歌舞伎座】 | | |
|---|---|---|
| 建筑概要 | 【旧建筑】 | |
| | 名称 | 歌舞伎座 |
| | 建筑所有者 | 松竹·歌舞伎座 |
| | 用途 | 剧场 |
| | 竣工年 | 第四期改建：1950 年（昭和二十五年）/ 第三期：1924 年（大正十三年） |
| | 设计 | 第四期改建：吉田五十八 / 第三期：冈田信一郎 |
| | 施工 | 第四期：清水建设 / 第三期：大林组 |
| | 结构规模 | SRC 结构，4 层，地下 1 层 |
| | 建筑面积 | 10 488 m² |
| | 主要的增改筑等 | 第三期遭受战灾后，1950 年改建后成为第四期 |
| | | |
| | 【新建筑】 | |
| | 名称 | GINZA KABUKIZA（歌舞伎座·歌舞伎座塔楼） |
| | 建筑所有者 | KS building capital 特定目的公司 开发业务受托者：松竹，歌舞伎座 |
| | 位置 | 东京都中央区银座 4-12-5 |
| | 用途 | 剧场，事务所，店铺 |
| | 竣工年 | 2013 年（平成二十五年） |
| | 设计 | 三菱地所设计·隈研吾都市设计事务所 剧场监修：今里隆 |
| | 施工 | 清水建设 |
| | 结构规模 | 歌舞伎座：S 造，部分 SRC 造，5 层 |
| | | 歌舞伎座塔楼：S 造部分 SRC 造，29 层地下 4 层 |
| | 基地 / 建筑面积 | 6996 m² /93，530 m² |
| | | |
| 历史价值的继承 | 历史继承的意义 | 继承自 1889 年（明治二十二年）的第一期歌舞伎座以来，作为日本国传统艺能“歌舞伎”的殿堂（专用剧场）代代相传进化而成的第四期，并面向未来进一步进化。 |
| | | ①作为建筑家·冈田信一郎设计的不燃结构·和风风格的最初作品的重要性 |
| | | ②作为在室内适用了建筑家·吉田五十八的和风风格的剧场建筑的重要性 |
| | | ③作为银座景观象征的重要性 |
| | | |
| 安全性的确保 | 耐震性 | 作为公众设施，有不足（耐震二次诊断） |
| | 躯体劣化 | 由于地震及战争而遭受两次火灾的 RC 躯体的劣化 |
| | 火灾安全性 | 有与现行法规相抵触的项目，需改正 |
| | 掉落等危险性 | 瓦屋面，外部装饰，客席吊顶等在地震时掉落的危险性 |
| | | |
| 机能更新的必要性 | 活用用途 | 剧场 |
| | 设备·防灾 | 最新的舞台设备等设备整体的机能更新 |
| | 无障碍设计 | 通往 1 层地面的高差的消解，升降机的导入 |
| | 城市规划 | 地下步行者网络的构筑，空地的整备，墙面线，高度 |
| | 其他 | 卫生间的增设，客席空间的扩张，舞台周边及后台空间的扩大，等等 |
| | | 为使演出能够安定持续的不动产事业 |
| | | |
| 历史继承的方针 | 时点 | 以继承作为歌舞伎专用剧场进化的结果的第四期为基础 |
| | 位置 | 从继承景观与记忆的观点出发，基本沿袭原有位置（为了确保木挽町大道一侧的广场，向西稍作移动） |
| | 范围 | 外部（外装）：第四期正面（两高台）的设计的沿袭 |
| | | 内部（内装）：大厅，楼梯，客席，吊顶等处对第四期设计的沿袭 |
| | 结构 | 由于歌舞伎座与塔楼是一体化结构，全部为新的 S 造 |
| | | 确保充足的耐震性 |
| | 外装 | 与从前的 RC 造相对，外装为 S 造干式工法 |
| | | 两高台的正面设计与第四期的形态相同（1 层挑檐，窗的设计除外） |
| | | 颜色以第四期竣工时的状态为基础 |
| | 内装 | 1，2 层大厅，阶梯，墙体，吊顶等的设计以第四期为基础，并根据需求加以改善，再构成 |
| | | |
| 诸项制度的活用 | 文化财产制度 | 无 |
| | 城市规划制度 | 都市再生特别地区（无针对历史继承的评价） |
| | | |
| 日程 | 设计（一次调查） | 2 年 8 个月（6 个月） |
| | 工事（二次调查） | 2 年 4 个月（设计调查 1 个月，结构调查随工事进展实施） |
| 附注 | | |

# 在今后的城市更新中对历史继承的期待

## 4.1 “历史继承”是“创造”

2018 年 2 月“旧名古屋银行总部大厦”再开发的改修工程完成，在这个活用保存的项目中，实践了新的方法。

**项目概要** 旧名古屋银行总部大厦于 1926 年（昭和元年）竣工（图 4-1），设计为当时东海地区代表性建筑家铃木祯次，施工为竹中工务店，在数次银行的再编中作为总部及分店使用。1989 年，该建筑被选定为名古屋城市景观重要建筑物；从 2002 年（平成十四年）起，建筑仅一层被用作 UFJ 银行货币资料馆（后为三菱东京 UFJ 银行货币资料馆），二层以上则持续为未使用的状态；从 2008 年（平成十三年）开始，这里的土地 · 建筑为三菱地所所有，货币资料馆也由此闭馆。

基地位于名古屋站地区与荣地区中间的锦地区，建筑正面朝向广小路街道——20 世纪见证名古屋发展的金融街（图 4-2，图 4-3），由于近年来开发重心逐步向名古屋站地区转移，锦地区经济上的下滑明显。随着荣地区的活性化以及起着连接作用的伏见地区的经济复兴，这里对于名古屋市区的繁华再现至关重要，而旧名古屋银行总部大厦作为锦地区的先行开发项目，政府及地方均寄予厚望。本项目意在完善办公功能，成为其他老化办公楼重建时的租户搬迁地，同时引入公众设施，最大限度地活用保存建筑，为创建街区风貌作出贡献。

与前文所述实例相同，在本项目中，为了在再开发中实现民用建筑的活用性保存，必须对由此带来的经济负担有所贴补。虽然曾考虑使该建筑成为指定文化财产以获得工程补助金，但研讨后发现这将耗费很长时间，对项目日程安排不利，因此我们将目标锁定在活用城市规划制度上，由此获得容积率的增溢，以填补建筑保存带来的经济负担。利用城市规划制度的活用性保存，虽然在东京都心区域有数例，且取得了一定的成果，但由于借助容积增溢获得的资金取决于租赁面积单价，作为地方城市的名古屋，与东京都心的条件相当不同。换言之，在东京都心区域通过容积率增溢获得的资金能够实现理想的保存修理与功能更新，而在名古屋有限的资金条件下，则需要更为平衡、完善的计划（图 4-4）。

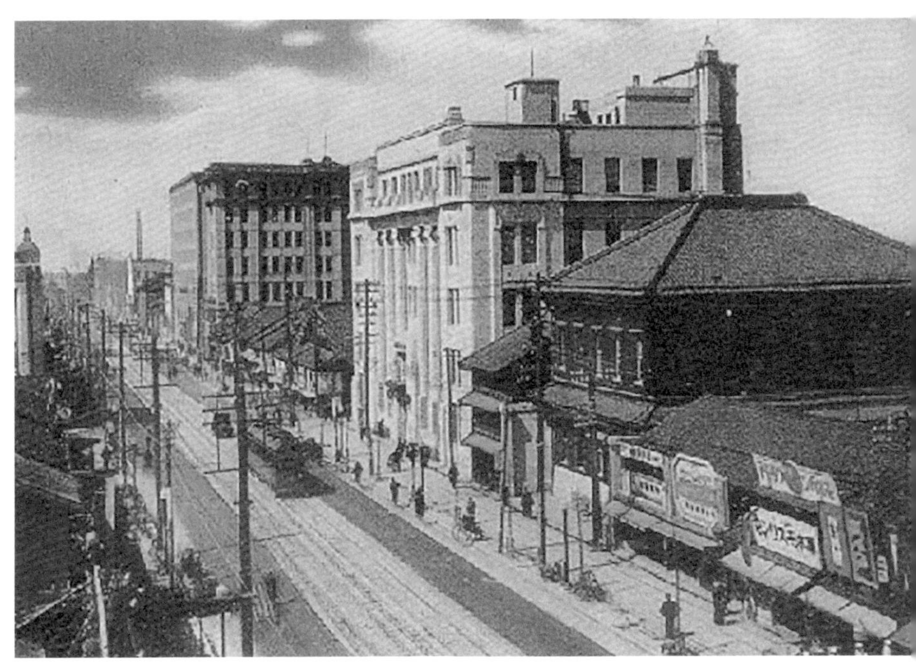

图 4-1　原初竣工时（1926 年前后）的广小路街道

图 4-2　名古屋的中心市区与基地

图 4-3　西南面外观（改修前）

保存栋：
在街区繁荣景象的呈现上作贡献
高层栋：
通过保存栋的保存及活用获得了约 4800 平方米（103%）的容积率优惠

图 4-4　工程完成后

**历史建筑的评价与历史继承手法的研讨** 通过调查，明确建筑历史价值的定位。

- 样式 · 艺匠

旧名古屋银行总部大厦正面为 3 层，中间排列 6 根巨型柱式，为当时世界上流行的银行建筑风格；石材的基座及柱式 · 正面玄关 · 侧面玄关基本维持着原初的状态；中间部 · 顶部的外装及檐口周边的陶板 · 人造石装饰材料，经第二次世界大战空袭火灾及后期的改修，现已不存在（图 4-5，图 4-6）。

- 结构 · 材料

该建筑在名古屋市内现存的钢筋混凝土结构 · 钢骨钢筋混凝土结构建筑中属初期代表。虽然当初的躯体整体基本得以维持，但 1962 年的二层楼板增筑以及 2001 年抗震改修中的墙体增筑都造成了建筑的部分改变（图 4-7，图 4-8）。

- 平面 · 功能用途

正面中央玄关·集客·营业室·后部金库构成一层平面，原初营业室中部为两层通高空间，周圈环绕走廊 · 展廊，这种构成方式是当时银行建筑的典型。二层吊顶装饰部分留存，在 1962 年的增筑中，成列的圆柱经补强后变为方形。

**设计者的作品性** 这是铃木祯次银行建筑的代表作之一。虽然内部各房间被改修，但以中央大厅区为代表的部分房间的吊顶 · 护墙 · 门窗等部件均存留着原物。屋顶于 1951 年增筑了第六层仓库。

以此为基础，总结建筑的历史价值继承、功能提升，以及有效利用的方针：经确认过的建筑内外的原初部件尽可能保存；部分复活一、二层的中央通高空间；出于经济性的原因，这次不对消失部位进行复原；为实现活用的功能提升，通过确保安全性及用途变更以符合现行建筑基准法的要求。

**展望今后 50 年的活用用途** 考虑了该建筑在今后 50 年以上的变化，团队研讨出合适的活用用途——将从前的办公功能变更为集会所或零售 · 餐饮店铺，并推论出整栋出租最为经济有效，上述内容作为活用计划的条件被提出。按照用途变更为建筑基准法上的集会场（结婚仪式场），建筑的一、二层为餐厅，三～五层为婚宴会场，六层为小教堂。为了变更为零售 · 餐饮店铺，楼梯的宽度要确保在 1400 毫米以上，并设置特别避难楼梯。以前的竖向流线（楼梯 · 电梯）位于建筑的深处，出于现今活用用途的要求，需要分设前方（来客）流线及后场（员

图 4-5　原初竣工时外观（1926 年）

图 4-6　正立面构成

图4-7　银行营业室内观（1926年）

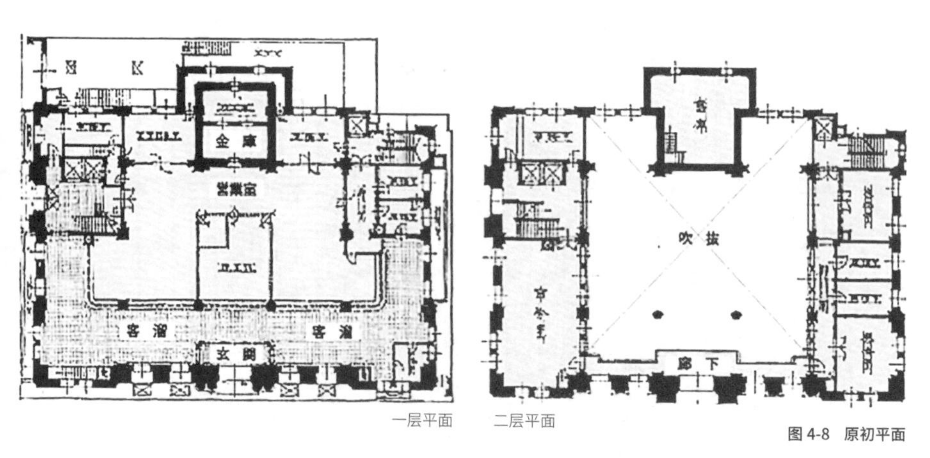


一层平面　　二层平面

图4-8　原初平面

工）流线。于是，在避开留有原初内装的中央大厅区，分别设置了前方及后场的楼梯 · 电梯。新设的前方楼梯位于因设置补强墙体（2001 年工程）而改变原初内部空间的角部位置（图 4-9）。

与现代建筑相比，历史建筑的设备间及设备管井均有不足，若想引入现代设备，就必须将部分房间改为设备间，而为了连通风管等管线，也必须对吊顶作出改变。本项目通过在保存建筑后方增筑设备栋解决了上述问题（图 4-10）：首先，这使得最大限度地有效利用并保存历史建筑成为可能，因而可实现较高收益。其次，由于各房间可以直接向背面伸出风管，管道在保存建筑外部回转联通，从而可避免大幅改动内部重要房间的吊顶。再次，这个方法使得设备更新更容易，可以用较低的花费实现设备因老化或用途变更（集会所→零售 · 餐饮店铺）带来的更换或功能增强，同时对建筑内部的改变也可以控制在最小限度。

综上所述，所有以提升功能为目标的经济合理的改修方法正是建立在对建筑长期使用的综合考虑之上。

**各部位的保存 · 整备方法**　　在这次工程中，遵从尽可能保存原初部位的方针，全面保存了基座 · 巨型柱式 · 正面玄关 · 侧面玄关中的原初石材。由于原初的窗框腐蚀现象严重，所以设计更换为承袭原初形状的铝制品，并提高了窗的防水 · 气密 · 隔音等性能。对于曾经在中部 · 顶部实施人造石涂装的部分，出于经济上的原因，没有复原原初的陶板及人造石，只做了再次涂装处理。对于正面玄关的挑檐，因为功能上的需要复原为原初的形状。此外，为了装点街区夜景，对建筑正面施以亮化（图 4-11）。

原初营业室的一、二层通高空间在 1962 年（昭和三十七年）的改修工程中被封堵，此次设计本意去除封堵，活通高空间；但是，由于柱及楼板梁已通过增筑进行了抗震加固，所以通高空间无法得以全部复原，只在其中加设了大型楼梯，将二层与一层相连通，作为餐厅的活用（图 4-12）。在工程前进行吊顶拆解时，以中央大厅区为中心，确认了各处的原初吊顶饰面材料。作为新用途的结婚婚宴会场，需要华丽的室内设计，仅保持从前作为银行的内装会让人感觉不足，所以在尽可能保存原初材料的同时，根据新功能的要求，对室内的装修设计做了调整，而原初墙裙饰面板、木制门窗、金库门框等部位都被尽可能保存下来。电气设备配线、照明、盘管空调机等必要的新设备以附加于原初内

图 4-9　新设置的前部楼梯

图 4-10　设备栋

图 4-11　西南面外观夜景

图 4-12　一、二层餐厅内景（工程后）

图 4-13　五层会场（工程后）

图 4-14　六层小教堂（工程后）

装之上的形式进行设置（图 4-13）。

对于增建了仓库的屋顶，在此次工程设计时曾考虑拆除增筑部分，还原原初状态，但因为考虑到可将这里作为新用途的一部分进行有效利用，所以实施了改筑。将第六层体量退后，这样从广小路街道或长者町街道远眺建筑时，该部分不会影响到建筑的外观。通常设置于屋顶的机器设备在本项目中均集中于设备栋，这使得创造有水景的屋顶庭院成为可能，而小教堂正面对着这处庭院（图 4-14）。现在，不仅旧名古屋银行总部大厦周边的上班族，许多过去曾在这里工作的人们也会来拜访这里的餐厅及仪式空间。本项目作为传达历史的公众设施，为过去曾经繁华的广小路街道的再次繁荣作出了贡献。

旧名古屋银行总部大厦的历史继承与第 3 章介绍的 4 个例子并不相同。对于历史建筑的个性、场所条件、所带有的课题、活用用途、事业方针等均要具体问题具体分析。因此，必须为每个项目绞尽脑汁，寻找各自最合适的答案。换言之，历史建筑的“历史继承”只要不是通过冻结保存以保全物质性的原物，均是以历史继承为目标的“创造”行为。

今后，第二次世界大战后建设的建筑会逐渐被作为历史建筑看待，在这样的环境中，继承的方法应该会越来越多样化吧。“为何继承”“应该继承什么”，对传达历史信息的意图的明确表达很重要，时代要求建筑所有者及设计者等相关人士能够给出关于历史继承的明快的概念。

## 4.2 传达培养至今的日本卓越的造物技术

当初参与旧三菱一号馆再现项目时，我是有疑虑的：老建筑正是因为原物的留存才有其意义，即使忠实以砖结构完成了再现，历史建筑的气质是否还存在？在现代大型楼宇林立的街区之中，再现后的小型建筑是否会被周边压倒而显得渺小？结果出乎意料。虽然被周围超高层楼宇及斜对面的东京国际会议中心等大型建筑所包围，再现后的三菱一号馆丝毫不甘落下风。正如第 3 章所介绍的，可以说是由于 Josiah Conder 使建筑显得高大气派的设计手法，以及现代所没有的细致装饰带来了三菱一号馆醒目的形象，但比其更重要的，应该是完全手工作业建造的建筑所散发的气息吧。

现代建筑在压缩工期 · 造价以及施工高技化的背景下，各种部件在工厂制作的比例年年增加，工厂并非在日本国内，而是越来越依赖中国、泰国等国家。由 CAD 绘制的设计图虽然更容易反映技术规格，但难以传达设计意图。进入平成年代（1989 年）后，随着经济状况不振，建设费用被不断压低，建设从业技术人员的数量日益减少，恶性循环持续进行。回过头来看，日本这个以制作为传统的国家对发展至今的优异技术的传承状况，令人忧虑。

创造出历史建筑的施工技术，不论在现场，还是在工厂，手工制作的部分都很多。因此，将精度不佳的部件以高精度优雅地呈现的这种用心，凝结成为有温度的手感，这是现代建筑中没有的气息，它会触动人的心灵。虽然复苏过去的做法在现今困难重重，但是在有着造物传统的国家，对造物精神和匠人的讲究的传承，难道不是极其重要的吗？造物的经验不会写在手册或教科书上，而是在人与人之间代代传承。对历史建筑的继承，不只是延续建筑，也是对传统造物经验的传承和延续。过去的技术是怎样的，调查建筑，查阅文献，向过去参与建造的人士请教，通过现代可行的技术修复或再现，这些做法本身就已经体现出历史建筑继承的重要意义。

即使保存工作并不顺利，仅将在历史建筑调查过程中收集的史料或将建筑调查记录整理并公开，也是有意义的事。即使只能在重建的部分建筑中留存并表达旧建筑某些信息也会给观者以契机去思考这里的历史，而想了解更多内容的人，假如能够寻得旧建筑的记录或图纸，那么历史传承的意义又会更深一层。

2012 年，由文化厅创办的近现代建筑资料馆开馆，开始了近现代建筑的档案化。关于历史建筑，能够加以保存最为理想，但也会遇到不得不大幅改变或完全失去的情况；所以，为后世留下建筑记录事关重大，为此需要额外的时间与费用。这个方面寄希望于业主的理解与努力，同时也期待学者、经验人士，以及专家的摄影配合（图 4-15）。

图 4-15　左侧的建筑为岩崎宅，右侧的建筑为近现代建筑资料馆

## 4.3 更能够激活历史建筑的法律完善

建筑建成的前提是遵守建筑基准法及消防法等各种法律、法规，但当法律有修订时，老建筑的曾经做法就有可能变得不相符，即所谓“既存不适合建筑”。改动这样的建筑，要么在不涉及相关法律的范围内进行，要么就要根据现行法律加以改修。想要做到后者并不简单，若想同时改变用途以活用建筑，难度则更高，这个课题对于历史建筑的保存来说是巨大的障碍。为了继续使用，保证安全性当然是首要条件，但关于这个课题的解决，希望能够灵活判断。换言之，在几乎所有的情况下，都很难完全照搬法律规定的做法，因此需要寻找其他的道路，比如通过性能评价，验证安全性并获得大臣认定等。在结构性能及防灾性能方面，相关领域的专家可以给出评价，而就历史建筑来说，还需要历史领域的专家从保护历史价值这个视点给出建议。

在城市规划方面，也存在同样的现象。道路的拓宽或墙面线的指定经常与建设在旧有的地块之上的历史建筑的保存相冲突。因此，在街区创建中，为了保护历史建筑，也希望能够灵活运用相关法律。为此，需要挑选、整理应该加以保存的历史建筑，并定位其历史价值，包括作为文化财产的价值，作为景观财产的价值，以及其他价值。需要关注的是，不仅是那些历史价值可以明确的建筑物，还有那些古老但难以明确价值的建筑，都有可能在传达城市历史方面扮演重要角色。虽然在设定补助金、减税等优惠措施时，更会提升上述分类的难度，但是只有这样做，才能形成有效的系统，促使身边的老建筑在城市更新之中被继承并和活用。

此外，将保存行为导致的基地中的未利用容积，转移至邻近基地的“特例容积适用地区制度”面临着进化的要求。按照现行制度，容积的移出方与移入方必须在同时期决定意向；但在实际操作中，这样幸运的情况并不多。如果制度能够允许暂且储备移出的容积，待容积移入方的开发行为开始时再使用，则会变得更为积极有效。

## 4.4 与继承历史建筑相互协作的街区创建

本书主要以明治以后的城市近代建筑为对象，论述了城市更新中的历史继承方法，所举实例均为中等规模以上的建筑；但个人住宅、商店等小型历史建筑也同样是传达城市历史的重要因素。以东京为例，关东大地震后复兴期建造的外装阻燃化的木结构建筑、第二次世界大战后复兴期建造的木结构建筑等，与其说是某单栋建筑存在历史价值，不如说是在特定的区域中，带有一定特征的建筑群体的留存本身存在着历史价值。

以包括筑地的场外市场在内的筑地本愿寺周边地区为例，在关东大地震之前，筑地的场外市场属于筑地本愿寺门前町地区，关东大地震后，晴海大道开通，本愿寺向西重建，该区域与筑地市场的关系逐步加强并繁荣发展。其后，由于在第二次世界大战中躲过了战灾，所以保存着战前特征的街区形象留存至今（图 4-16—图 4-18）。

从城市防灾的角度来说，像这样的木结构建筑群的留存相当困难。虽然在京都，传统工法的京町屋仍然可以被建造，但是在城市更新的系统之中，这种建筑群的保存活用还可以实现吗？比如通过在点状位置重建新的建筑，对相邻的木结构民房在防灾方面加以补强，通过类似的方法，能否同时实现城市的再生与街区的保存？

历史街区，原物本身的存在非常重要。以原物为核心，可以实施多种多样的历史继承计划，从而提高街区整体的历史价值。以丸之内为例，正是因为大正时期建设的东京站丸之内站厅、日本工业俱乐部会馆，以及昭和初期建设的明治生命馆等历史建筑文化财产的原物得以留存，才使得部分保存的东京中央邮政局、再现的三菱一号馆，或其他只有局部得以保留的建筑更有意义。

理想的方式是能够在城市街区的便利场所中设置引导设施，提供历史建筑和历史继承的相关信息，或者也可以在人人都能访问的网络空间建立指导性网站，使人们能够边查阅智能手机，边在城市漫步中感受历史的气息。我真希望这种街区能够越来越多，并能有机会多在这样的街区中走走。

图 4-16　筑地本愿寺

图 4-17　筑地场外市场的街景

图 4-18　筑地五丁目地区的街景

# 附录

# 日本工业俱乐部会馆・三菱信托银行总部大厦

所在地：东京都千代田区丸之内 1-4-5，6
主要用途：事务所，俱乐部，店铺
建筑所有者：日本工业俱乐部，三菱地所

**■设计**
三菱地所设计
统筹：岩井光男
**俱乐部栋**
PM：佐藤和清
建筑设计：今枝亮一，野村和宣，须藤启
结构设计：稻田达夫，小川一郎
电气设计：林和博，富田收
设备设计：原田仁，片山一宪
**塔楼栋**
PM：狩野大和
建筑设计：野村和宣，荻原良明
结构设计：稻田达夫，小川一郎，河村克彦
电气设计：伊藤仁，酒寄弘和，永冈洋一
设备设计：佐佐木邦治，合田英司
景观设计：植田直树，高桥万里江
监理：小西和重，越川喜直，大山高平
公务：大塚重喜
造价：友松芳彦，奥富宏和
设计顾问：大江新
室内设计：三菱地所设计，MEC Design International
照明顾问：dpa lighting consultants，Craig Roberts Associates
景观顾问：PLACEMEDIA
防灾计划：长谷见雄二早大教授＋灾害情报中心
保存再现指导：文化财产建造物保存技术协会
艺术装置：吉水浩

**■施工**
**俱乐部栋**
建筑：清水建设（野上永，近冈正一，佐藤信博，斋藤步）
木工程：清水建设木工厂
粉刷抹灰：加藤左官工业，浪花组
石膏：植野石膏
**塔楼栋**
建筑：大成建设（马渕喜全，土井隆夫，丸山高司，田村宗丈，高濑洋一）
日本 gondola：石川岛播磨重工业，东急停车系统，MEC Design International
空调：新菱冷热工业
卫生：西原卫生工业，DRICO
电气：弘电社，关电工 JV，三菱电机、富士 Dynamics
银行总部内装：清水建设

**■面积**
基地面积：8100.39 ㎡
建筑面积：5180.62 ㎡
楼地板面积：109 588.02 ㎡
地下 1 层：5445.96 ㎡
1 层：4631.36 ㎡ /2 层：1795.48 ㎡
3 层：4783.64 ㎡ /4 层：4377.42 ㎡
5 层：4633.62 ㎡ /6 层：3906.73 ㎡
标准层（9 层～ 29 层）：2644.28 ㎡
建筑覆盖率：63.96%（允许：100%）
容积率：1231.82%（允许：1234%）
层数 俱乐部栋：地上 6 层
塔楼栋：地下 4 层，地上 30 层，塔屋 2 层

**■尺寸**
最高高度：148 360mm
檐口高度：141 060mm
层高及吊顶高 俱乐部栋：2 层大会堂层高 5880mm，3 层大厅吊顶高 7700mm
塔楼栋：标准层层高 4150mm，吊顶高 2800mm
主要跨度 俱乐部栋：5757mm（19 尺）x5757mm（19 尺）
塔楼栋：7200mmx19 300mm

**■基地条件**
地域地区：商业地区，防火地区，东京都市计划丸之内 1 丁目特定街区
道路宽度：东 27.0m，西 9.1m，南 17.4m
停车数量：241 辆

**■结构**
俱乐部栋：SRC 结构，RC 结构（免震结构）
塔楼栋：S 结构，部分 SRC 结构，RC 结构
桩及基础：直接基础

**■设备**
**空调设备**
空调方式 俱乐部栋：空调机（变风量），外机 +FCU 方式
塔楼栋：空调机（变风量）方式
热源：地域冷暖房方式
**卫生设备**
供水：重力方式 加压泵方式
供热水：俱乐部栋：中央方式
塔楼栋：局部电力储水方式
排水：杂污分流方式
**电力设备**
受电方式：3Φ3V22，000V，50Hz 本线及预备线 2 回路受电方式
设备容量：俱乐部栋：3750kVA
塔楼栋：25 925kVA
合约电力：5000kVA
预备电源：发电机（4 台），蓄电池（独立内置），UPS 设备
**防灾设备**
灭火：室内灭火栓，喷头（NSS），封闭式水雾灭火，氮气灭火设备，连结送水管
排烟：机械排烟，部分自然排烟
**电梯**
俱乐部栋乘用：无机房式（15 人乘 105m/min）×2 台
俱乐部人货混用：缆绳式（20 人乘 120m/min）×1 台
塔楼栋乘用：缆绳式（24 人乘 150m/min）×6 台，缆绳式（24 人乘 210m/min）×6 台，缆绳式（24 人乘 300m/min）×6 台，缆绳式（11 人乘 105m/min）×2 台，缆绳式（15 人乘 300m/min）×1 台，无机房式（15 人乘 90m/min）×1 台，无机房式（15 人乘 60m/min）×1 台
塔楼栋紧急用：缆绳式（30 人乘 180m/min）×2 台
塔楼栋人货混用：缆绳式（13 人乘 60m/min）×1 台，无机房式（15 人乘 105m/min）×1 台

**■工程**
设计时间：1999 年 4 月—2000 年 8 月
施工时间：2000 年 12 月—2003 年 2 月

**■外部装修**
**俱乐部栋**
屋顶：沥青防水混凝土盖板
外墙：瓷器质小口瓷砖（只在西面保存石器质瓷砖 INAX），花岗石（保存稻田石 KUMATORI），陶砖（INAX）
开口部位：铜制窗框，不锈钢窗框（红云制作所）
**塔楼栋**
屋顶：沥青防水混凝土盖板
外墙：铝幕墙（高层：FUJI，TOSTEM，日本建铁昭和钢机），陶制百叶系统（横河 BRIDGE+INAX），铝幕墙（低层：YKK），陶砖嵌入式 PC 版（低层部：高桥幕墙 +INAX），墙面绿化系统（屋顶部：大成建设十东邦 LEO）
开口部：不锈钢窗框（1~2 楼，吉野工业）
景观 / 栽植：大树（郁金香树 / 日比谷 Amenis），墙面绿化系统（美国 Euonymus fortune，大成建设十东邦 LEO）
地面：花岗石（阿根廷斑岩等 / 石材）

**■内部装修**
**俱乐部栋 2 层大厅**
地板：木块拼花
墙壁：木质（保存木：柚木，桦木）
吊顶：粉刷，石膏
**俱乐部栋 2 层大会堂**
地板：木块拼花
墙壁：粉刷，石膏，大理石（保存石）
吊顶：粉刷，石膏
**俱乐部栋 2 层来宾室**
地板：木块拼花
墙壁：木质，墙纸，大理石（保存石：霰石）
吊顶：粉刷，石膏
**塔楼栋事物室**
地板：OA 地板 + 块状地毯
墙壁：石膏板涂装
吊顶：岩棉吸音板系统天花板（交叉型）
**塔楼栋入口大厅**
地板：大理石（矢桥大理石）
墙壁：大理石（矢桥大理石），木肋
吊顶：铝板，照明吊顶

# 三菱一号馆 / 丸之内 PARK 大厦

## 三菱一号馆

**■设计**
建筑：三菱地所设计
综合统筹：岩井光男，东条隆郎
统筹（项目管理）：山极裕史
设计主管：野村和宣
建筑设计：江岛和义，野田郁子
结构设计：小川一郎，吉原正
机械及卫生设备设计：山县洋一，近藤诚之，高桥宽，茂吕幸雄
电气设备设计：丰冈俊一郎，富田收
土木设计：栗林茂吉，安田香平，田代英久
景观设计：藤江哲也，植田直树，松荣宏幸
环境管理设计：玉木隆夫，松岛正兴，坪田勇人，渡边伦树
监理：三菱地所设计
监理统筹：深泽义和，大坪修
监理主管：清家正树
监理：铃木高明，松本浩嗣，浅野佑辅，矢野和人
照明顾问：dpa lighting consultants，Nick Hpggett
家具：川上良子，MEC Design International，DECORATIVE MODE，NUMBER 3（咖啡店等）
CG 设计：UZU：铃木裕之，鸟毛龙太，UMO：上本直树
模型：SEKI MODEL DESIGN 工作室（关浩一）
设计项目工作人员：岩元坚太郎，冈本极，小山内亚纪，加户爱子，菊池优希，中村理绘，吉田广行，井出骏一
监理项目工作人员：关义纪，增田诚治，多田健次，谷山臣夫，伊东明，尾崎邦彦，小林千惠

**■施工**
建筑：竹中工务店（佐藤丰一，佐藤恭辅）
空调：高砂热学工业
卫生：斋久工业
电力：弘电社
电梯及防盗：三菱电机
种植：小岩井农牧

**■规模**
基地面积：11 931.79 ㎡（全体街区）
建筑面积：8280.04 ㎡（全体街区）
楼地板面积：6469.03 ㎡（美术馆用途）
地下 1 层：1282.13 ㎡
1 层：1406.89 ㎡ /2 层：1190.90 ㎡
3 层：1349.71 ㎡
建筑覆盖率：69.39%（允许：80%，全体街区）
容积率：1563.11%（允许：1564.73%，包括地区冷暖房设施，中水道设施）
层数（再现部）：地下 1 层，地上 3 层

**■尺寸**
最高高度：22 893mm
檐口高度：14 955mm
层高：4565mm
吊顶高：4030mm

**■基地条件**
参照丸之内 PARK 大厦

**■结构**
主体结构 地下：钢骨钢筋混凝土结构，部分钢骨结构及免震结构
复原部：砖砌体结构，木屋架
桩及基础：直接基础（复原部分为免震结构）

**■设备**
**空调设备**
空调方式：单一管道变风量方式
热源：冷水及蒸汽利用，地域冷暖房方式
**卫生设备**
供水：加压供水方式
供热水：局部方式
排水 内部：污水·杂排水·雨水分流方式
外部：污水·雨水汇合方式
**电气设备**
受电方式：特别高压 66kV 回路式 2 回路受电
设备容量：特高变压器 12 500kVA×2 台
合约电力：8000kVA
备用电源：燃气涡轮紧急用发电机 2500kVA×2 台
**防灾设备**
灭火：喷头，室内消防栓，连结送水管，氮气灭火设备
排烟：加压防排烟（中央）
**电梯**
常用电梯（15 人乘 60m/min）×2 台，乘用电梯（13 人乘 45m/min）×1 台，货用电梯（30 人乘 60m/min）×1 台，无障碍升降平台机 1 台

**■工程**
参照丸之内 PARK 大厦

**■外部装修**
屋顶：天然石板葺（西班牙产）（小野工业所），铸铁冶炼装饰（YOSHI 与工房）
外墙：模制装饰砖（中国产）（中央 AITOS），基段石：北木石（冈山产）窗框，角石等：江持石（福岛县产）
开口部：木制门窗涂装装饰（矢桥大理石）（旧新丸之内大厦再利用玻璃）
景观：北木石（冈山县产），铁制景观栅栏（再现）

**■内部装修**
**咖啡**（旧银行营业室）
地板：维多利亚风格（Maw2008），松木地板 $t$=24mm
墙壁：粉刷，桦木墙裙，清漆涂装
吊顶：桦木制格子天花板 $t$=20mm，清漆涂装
**售票室**
地板：松木地板 $t$=24mm
墙壁：砖砌墙身外露
吊顶：再现顶板板涂装

## 丸之内 PARK 大厦

**■设计**
**建筑 三菱地所设计**
综合统筹：大内政男，东条隆郎，狩野大和
统筹（项目管理）：山极裕史
建筑设计：高田慎也，柴田康博，浦賀登，神例贤
结构设计：小川一郎，吉原正
机械及卫生设备设计：山县洋一，茂吕幸雄
电气设备设计：丰冈俊一郎，富田收
土木设计：栗林茂吉，安田香平，田代英久
景观设计：藤江哲也，植田直树，松荣宏幸
环境管理设计：玉木隆夫，松岛正兴，坪田勇人，渡边伦树
**监理 三菱地所设计**
监理统筹：深泽义和，大坪修
监理主管：清家正树
监理：铃木高明，松本浩嗣，浅野佑辅，酒井和三，矢野和人
照明顾问：dpa lighting consultants：Nick Hpggett
商业区内饰顾问：YDNY（YOSHI 白石）
标识及内装顾问：MEC Design International
内外装铁饰设计（地下层小瀑布周围除外），大门，外部大型时钟，中庭长凳铸件，店铺共用部分天花板浮雕设计，照明图案设计，照明器具设计
Intern A：小山内亚纪（制作：传来工房，北陆铝合金，KENT a）
突出标识设计，三楼装修家具设计，照明器具设计：ARCHI GRAPHICA（冈本极）
艺术品（中庭雕刻）：雕刻之森美术馆
CG 设计：UZU（铃木裕之，鸟毛龙太），UMO（上本直树）
模型：SEKI MODEL DESIGN 工作室（关浩一）
设计项目工作人员：岩元坚太郎，冈本极，小山内亚纪，加户爱子，菊池优希，中村理绘，吉田广行
监理项目工作人员：增田诚治，伊东明，风间真也，关义纪，多田健次，末吉伸光，神保美彦，尾崎邦彦，小林千惠

**■施工**
建筑：竹中工务店（佐藤丰一，佐藤恭辅）
空调：高砂热学工业
卫生：斋久工业
电力：KINDEN，东光电力工事
中水道：西原卫生工业所
电梯：三菱电机，日立制作所
特高受变电及防盗：三菱电机
紧急用发电机：东芝
种植：小岩井农牧

**■规模**
基地面积：11 931.79 ㎡（全体街区）
建筑面积：8280.04 ㎡（全体街区）
楼地板面积：204 729.92 ㎡（全体街区）
地下 1 层：6412.13 ㎡
1 层：4417.68 ㎡ /2 层：4124.26 ㎡
标准层：4809.54 ㎡～5201.16 ㎡
屋顶设备层：827.6 ㎡（屋顶设备层 1～3 层）
建筑覆盖率：69.39%（允许：80%，全体街区）
容积率：1563.11%（允许：1564.73%，包

括地区冷暖房设施，中水道设施）
层数：地下 4 层，地上 34 层，屋顶设备层 3 层

**■尺寸**
最高高度：169 983mm
檐口高度：156 983mm
层高 办公标准层：4410mm
吊顶高 办公标准层：2850mm（OA:150mm）
主跨度：7200mmX25000mm

**■基地条件**
地域地区：商业地区，防火地区，大手町·丸之内·有乐町地区计划区域，都市再生特别地区丸之内 2-1 地区，特例容积率适用地区，停车场整备地区
道路宽度：东 23m，西 9m，南 36.3m，北 14.5m
停车数量：282 辆（全体街区）

**■结构**
主体结构 地下：钢骨钢筋混凝土结构，部分钢骨结构，地上：钢结构
桩及基础 / 直接基础

**■设备**
**空调设备**
空调方式：单管道变风量方式 + 气流窗口方式（办公室标准层）
热源：冷水及蒸汽利用，地域冷暖房方式
**卫生设备**
供水：低层：加压供水方式，中高层：重力方式
供热水：局部方式
排水 内部：污水杂排水雨水分流方式
外部：污水雨水合流方式
**电气设备**
受电方式：特别高压 66kV 回路式 2 回路受电
设备容量：特高变压器 12 500kVA x2 台
合约电力：8000kVA
预备电源：燃气涡轮紧急用发电机 2500kVA x2 台
**防灾设备**
灭火：喷头，室内灭火栓，连结送水管，氮气，喷水器，封闭式水雾灭火
排烟：机械排烟，全馆适用避难安全验证法放宽排烟设备技术标准
**电梯**
乘用电梯（27 人乘 180~420m/min）× 8 台，乘用电梯（24 人乘 105/min）×3 台，乘用电梯（15 人乘 45，60m/min）×2 台，商用电梯（15 人乘 105m/min）×1 台，商用电梯（13 人乘 45，60m/min）×2 台，搬运用电梯（26・33 人乘 45m/min）×2 台，紧急用电梯（17 人乘 180m/min）×2 台，紧急用电梯（30 人乘 180m/min）×1 台，自动扶梯 22 台

**■工程**
设计时间：2003 年 7 月—2007 年 1 月
施工时间：2007 年 2 月—2009 年 4 月

**■外部装修**
高层：铝幕墙防锈龙骨氟素高温涂装（TOSTEM，YKK AP），花岗岩嵌入式 PC 幕墙（高桥幕墙工业，MINATO 建材，DAIWA），花岗岩（ROCKWELL），高性能热线反射玻璃（旭玻璃），防水玻璃（三基 LOUVER）
低层：铝幕墙防锈龙骨氟素高温涂装（FUJISASH 新日轻），不锈钢窗框（三和 TAJIMA），UV&IR 遮断玻璃（旭玻璃），干式陶砖贴面（INAX），花岗岩（Giallo Veneziano，山西黑中国稻田）（ROCKWELL），GRC 板（丸之内八重洲大厦再现塔状角部）（旭 BUILDING-WALL），安山岩（丸之内八重洲大厦再现部：本小松，新小松，白丁场）（矢桥大理石），铸铝件（IRONWORK，门扉）（传来工房，北陆铝合金），玻璃幕墙 MPG 工法（附楼灯墙）（AGC 玻璃建材工程），景观花岗岩（ROCKWELL：NajranBrownG623China Juparana），保水性铺装（大成 ROTEC，ENTEC），防潮板（冈村制作所），水景设备（WATER DESIGN）

**■内部装修**
**入口大厅**
地板：花岗岩（泉州锈，Giallo santacecilia，Najran Brown），大理石（Tiger Beige，Marron Brown）（矢桥大理石，关原石材），瓷砖（INAX）
墙壁：陶砖（INAX，大理石（山西黑），花岗岩（Alan White 中国稻田）（矢桥大理石 关原石材）
吊顶：铝板（菊川工业，METAL PLANNING）PB，EP，光幕天吊顶（ABC 商会）
**事务室**
地板：OA 地板（NICHIAS，OM 机器）块状地毯（SUMINOE，SANGETSU）
墙壁：PB，EP
吊顶：T 型支架吊顶系统（松下电工），岩棉吸音板（日东纺）
**标准层电梯厅**
地板：OA 地板（NICHIAS），块状地毯（川岛织物 SELCON）
墙壁：陶砖（INAX），装饰氯乙烯板（住友 3 M）
吊顶：PB，EP
**商业公用部**
地板：大理石（MarronBrown，Emperador，TigerBeige，Dramatic White）（矢桥大理石，关原石材），木地板（望造）
墙壁：Sapelli Mahogany 木贴面，核桃木贴面，大理石（Mocha Cream，Dramatic White）（矢桥大理石，关原石材），Natural Robson block（ADAVN）
吊顶：PB，EP，建筑化照明（LIGHTING SYSTEM）

# JP 塔楼

所在地：东京都千代田区丸之内 2-7-2
主要用途：事务所，店铺，集会场，展示场，停车场
建筑所有者：日本邮政
建设管理：NTT Facilities

**■设计及监理**
三菱地所设计
总体统筹：岩井光男
统筹：佐藤和清
统筹：（项目管理）宫地弘毅
建筑设计：野村和宣，仲泽谦二，南宗男，大西康文
结构设计：小川一郎，吉原正，永山宪二
电气设计：藤野健治，佐藤博树，稻叶里美
都市计划设计：永幡显久，富田刚史，伊藤夏希
土木设计：草间茂基，堀正和，今林敬晶，木下智康
都市环境设计：和田仁志，松岛正兴，堀协大悟，渡边伦树，安田香平
监理：西村俊一，西村由起夫，内藤仁，新屋安德雷盛次，太刀川毅，竹内义典，今村久雄
内装监理：本乡龙一，田村齐久，池谷宗之，酒寄弘和，多田丰
造价：莲来一夫，今岛计太
合作建筑家：Murphy/Jahn（Helmut Jahn，Francisco Gonzalez，Sandy Gorshow，Michael Li）
特殊结构设计：WERNER SOBEK（WernerSobek，Licio Blandini，Radu-Florin Berger）
商业共用部内装设计：隈研吾建筑都市设计事务所 [ 隈研吾，横尾实，川西敦史，齐腾浩章，本濑步美 *（* 原员工）]
外观照明设计：FLSHER MARANTZ STONE（Charles Stone，Hank Forrest，Miyoung Song）
商业共用部照明设计：内原智史设计事务所（内原智史，八木弘树，广木花织）
景观照明设计：岩井达弥光景设计（岩井达弥，前田早惠）
办公室辅助及其他室内设计协助：MEC Design International（三田高章）
办公室标识设计协助：MEC Design International（福田宏，井原理安设计事务所：井原理安，井原由朗）

**■施工**
建筑：大成建设（玉村光平，坂本雅之）
空调：大成建设，DAIDAN，第一工业
卫生：大成建设，日比谷综合设备，大成设备
电气：大成建设，九电工，KINDEN，东光电气工事，关电工

**■规模**
基地面积：11 633.87 ㎡
建筑面积：8491.11 ㎡
楼地板面积：212 043.05 ㎡
地下 4 层：9966.27 ㎡
地下 3 层：10 192.86 ㎡
地下 2 层：9805.62 ㎡
地下 1 层：9446.96 ㎡
1 层：7860.56 ㎡ /2 层：5448.61 ㎡
3 层：6539.99 ㎡ /4 层：6980.09 ㎡
5 层：6307.08 ㎡ /6 层：4201.11 ㎡
标准层：4253.43 ㎡ ~4488.72 ㎡
塔屋层：225.93$m^2$
建筑覆盖率：72.99%（允许：100%）
容积率：1629.99%（允许：1630%）
层数：地下 4 层，地上 38 层，塔屋 3 层

**■尺寸**
最高高度：200 000mm
檐口高度：189 150mm
层高：事务室 4550mm
吊顶高：事务室 2950mm

**■基地条件**
地域地区：商业地区，防火地区，都市再生特别地区，特例容积率适用地区，丸之内地区地区计划区域
道路宽度：东 31.78m，西 23.00m，北 30.16m
停车数量：260 辆

**■结构**
主要结构 地上：钢结构
地下：钢骨钢筋混凝土结构
桩及基础：桩井用直接基础

**■设备**
**环保技术**
高性能 LOW-E 玻璃空气流窗，遮光百叶，太阳光追尾式全自动控制遮光帘，自然换气（标准层窗户周边，中庭顶窗），LED 照明，外气利用冷气空调，外气导入 $CO_2$ 控制，太阳能发电设备（屋上 40kW，中庭顶窗（透过型）20kW），风机及泵式样电动机配 PM 马达，地热利用热泵冷却机，利用太阳光发电面板和珀耳帖元件的空调机，高机能 BEMS 设备，超高效率无定形变压器，CASBEE 新建筑（竣工时）预定取得 S 级认证，PAL196MJ/ 年（事务所）
**空调设备**
空调方式：单一管道 VAV 变风方式 + 空气流窗方式（办公室标准层）
热源：地区冷暖气设施提供冷水及蒸汽
**卫生设备**
供水：高架水槽重力供水方式（部分加压供水方式）
供热水：使用电气热水器的局部方式（一部分用热泵供热水器）
排水 室内：污水杂排水雨水分流式
室外：污水雨水合流式
**电气设备**
受电方式：特别高压 66kV 循环式 2 回路线受电
设备容量：特别高压变压器 15 000kVAx2 台
合约电力：8500kVA
预备电源：燃气涡轮机紧急用发电机 3，000kVAx2 台
**防灾设备**
灭火：喷头设备（办公室 干式预启动，中庭可动式放水型，办公楼大厅：固定排水型），室内灭火栓设备，连结送水管设备，非活性气体（$N_2$）灭火设备，封闭式喷雾灭火设备，消防用水
排烟 中庭：自然排烟方式，其他：机械排烟方式（根据退避安全验证法，采用少量排烟）
其他：利用地热的空调设备，中水道设备，雨水利用设备
**电梯**
电梯 45 台，自动扶梯 19 台
**特殊设备**
单纯二段式机械式停车设备

**■工程**
设计时间：2007 年 8 月—2009 年 8 月
施工时间：2009 年 11 月—2012 年 5 月

**■外部装修**
屋顶：沥青防水混凝土盖板
外墙 新建部分：铝幕墙氟素树脂烤漆（PERMASTEELISA、FUJISASH），
保存部分：二丁挂磁瓷砖
开口部 / 保存部分：不锈钢及铝组合窗框，刷纹氟素树脂烤漆
景观：中国产花岗岩 G654、G684JP 表面加工（石株式会社）

**■内部装修**
**办公室**
地板：OA 地板 *h*=150mm+ 块状地毯（TOLI）
墙壁：GB，EP
吊顶：600mmX600mm 网格型系统吊顶（OKUJU）
**办公入口大厅**
地板：中国产花岗岩 G365，JP 表面处理（矢桥大理石）
墙壁：铝百叶 + 装饰氯乙烯贴膜（OKUJU，住友 3M）
吊顶：铝百叶烤漆（OKUJU）
**多功能广场**
地板：中国产花岗岩浪花白粗打磨表面处理（石）
墙壁：闪耀天神纸云母栉引土墙装饰（1层），樱纹贴面（1 层），古风三洲瓦（2 层），玻璃及墙纸复合表面（3 层），穿孔网土墙装饰（4 层），栗纹贴面（5 层），栎纹贴面（6 层）
天花板：GB，EP 装饰，岩棉吸音板
**邮局大厅**
地板：18.5mm 角马赛克
墙壁：比利时产黑大理石（保存），粉刷（已调和颜料）
吊顶：粉刷（已调和颜料）

## GINZA KABUKIZA 歌舞伎座・歌舞伎座塔楼

所在地：东京都中央区银座 4-12-15
主要用途：事务所，剧场，店铺，停车场
发包人：歌舞伎座，KS building capital 特定目的的公司

**■设计・监理**
三菱地所设计
统筹：大泽秀雄
PM：野村和宣
建筑设计：石桥和祐，住谷觉，荒井拓州
结构设计：川村浩，石桥洋二，诸伏勋
电气设计：相川聪，山口泰规
设备设计：米木伸一，中村厚
土木设计：塚本敦彦，武藤勋生，松尾教德
都市环境设计：永幡显久，富田刚史，松尾真子
监理：仲条有二，织田一成，丰田嵩史，大隈亮佑
音响设计（协助）：永田音响设计（福地智子，酒卷文彰）

隈研吾建筑都市设计事务所
建筑设计：隈研吾，横尾实，川西敦史，山根脩，齐腾浩章
监理：隈研吾，横尾实，川西敦史，山根脩平，长井宏宪
剧场监修：今里隆
外观照明设计：石井干子，石井 LISA 明理 + 石井干子设计事务所（石井干子，石井 LISA 明理）

**■施工**
建筑：清水建设（田保雄，藤原一也，仲林清文，松本匠，青木徹，大实浩嗣，社寺设计部：关雅也）
栋梁：社寺建（山本信幸）
电力：KINDEN（石岛英明），关电工（三浦广志）
空调：高砂热学工业（近藤步），九电工（吉开治彦）
卫生：西原卫生工业所（久保隆志），须贺工业（山崎慎二）
**舞台相关事务**
旋转舞台：三精运输机（桥本浩志）
吊装机构：富士工业（笠井孝光）
舞台照明：丸茂电机（关根伸也）
舞台音响：雅马音响音系统（山田亮）
剧场座位：冈村制作所（笹埼悟）

**■规模**
基地面积：6995.85 ㎡
建筑面积：5905.62 ㎡
楼地板面积：93 530.40 ㎡
地下 4 层：6663.20 ㎡
地下 3 层：5256.94 ㎡
地下 2 层：5010.27 ㎡
地下 1 层：4034.51 ㎡
1 层：5220.63 ㎡ /2 层：3034.28 ㎡
3 层：3447.29 ㎡ /4 层：3026.14 ㎡
5 层：2380.84 ㎡ /6 层：1483.12 ㎡
7 层：2377.88 ㎡ /8 层：1840.37 ㎡
9~29 层：2302.23$m^2$~2411.72 ㎡
塔屋 1 层：113.27 ㎡
塔屋 2 层：199.66 ㎡
建筑覆盖率：84.41%
容积率：1178.72%
层数：地上 29 层，地下 4 层，塔屋 2 层

**■尺寸**
最高高度：145 500mm
**■地基地条件**
地域地区：商业地区，防火地区，停车场整备地区，街道导向型地区计划（银座 A 地区），都市再生特别地区（银座 4 丁目 12 地区）
道路宽度：北 4m，东 11m，南 33m，西 44m
停车数量：282 辆

**■结构**
地上部分：钢骨纯框架结构，制震结构
地下部分：钢骨钢筋混凝土结构，带耐震墙框架结构
基础部分：钢筋混凝土结构，直接基础

**■设备**
**电力设备**
受电方式：22kV，50Hz，本线及预备线 + 预备电源线（异变电所）
变变电设备：特高变压器 7500kVA x2 台，Cubicle 气体绝缘式隔断开关装置，非晶态高压变压器
电力监视设备 紧急用发电机设备，共用：3000kVA x1 台，租户用：预留发电机设置空间
电灯插座设备：剧场：LED 间接照明，光膜照明，后台：LED 射灯，荧光灯吊灯照明，办公室：照明 750lx，荧光灯下面开放型系统吊顶照明（带百叶帘），插座 50VA/$m^2$，外装：LED 照明亮化
调光设备：办公室照明，剧场照明，外装照明
弱电设备：电话配管设备，TV 共听设备，对讲设备，业务放送设备，停车管制设备，安保设备，非接触 IC 卡出入管理，
**数字 CCTV 设备**
防灾设备及其他：综合操作盘，紧急用发电机设备，自动火灾报警设备，紧急放送设备，诱导灯设备，紧急照明设备，紧急电话设备，紧急插座设备，无线通信辅助设备，紧急用电梯，紧急救助空间用照明设备，避雷设备，航空障碍灯，太阳能发电设备
**空调设备**
热源方式：涡轮冷冻机，空冷 HP 冷冻水涡轮冷冻机，冰储热
空调方式：剧场：AHU 全空气方式（6 系统），全热交换器，$CO_2$ 控制，外气冷气控制，大厅：外气处理空调机 +FCU，后台：外气处理空调机 +PAC，办公室：AHU 全空气方式（楼层 4 系统），VAV 方式，$CO_2$ 控制，外气冷气
**卫生设备**
供水：加压供水方式（低层），高架水槽方式（高层），中水设备，雨水再利用
供热水：局部供热水方式，直接性燃气供热水 + 储热水槽方式
**电梯**
电梯 36 台，自动扶梯 18 台

**■工程**
设计时间：2008 年 1 月—2010 年 9 月
施工时间：2010 年 10 月—2013 年 2 月
**■外部装修**
**剧场**
屋顶：瓦葺，铜板葺
外墙：预制混凝土硅酸盐类无机涂层，GRC 硅酸盐类无机涂层，铝板氟树脂指定色烧漆，腰部稻田石既存再利用，一部分新材）
开口部：钢窗框，不锈钢窗框，铝制窗框
装饰金属构件：现有再利用的基础上金粉涂饰铸件，硫化熏制铸件
**办公室**
屋顶：沥青防水，混凝土盖板
外墙：预制混凝土超低污染型丙烯酸硅树脂涂料，挤塑水泥板氟树脂指定彩色涂料，ALC 铝板防蚀涂料
开口部：铝幕墙，铝制窗框，不锈钢窗框

**■内部装修**
**剧场大厅**
地板：地毯（ORIENTAL CARPET 定制纹样）
墙壁：Cervejante（大理石）
吊顶：GRG 上折吊顶，EP 喷涂
柱子：镜面涂装
踢脚：水磨石（人造大理石）
装饰金属构件：铝铸件，现有再利用上金粉涂漆
挂毯：西阵编织金砂子花纹（龙村美术织物）
**剧场休息厅**
地板：威尔顿地毯（ORIENTAL CARPET 定制色），Russian Red（大理石），Rosso Magnaboschi（大理石）
墙壁：EP 喷漆，布墙纸（川岛织物 SELKON 定制图案），Rosso Magnaboschi（大理石）
吊顶：GRG 上 EP 喷涂，光幕吊顶
柱子：镜面涂装
踢脚及墙裙：水磨石（人造大理石）
装饰金属构件：铸件，现有再利用的基础上金粉涂饰
**剧场观众席**
地板：簇绒地毯（ORIENTAL CARPET 定制色），块状地毯定制色
墙壁：EP 喷涂（橙色油漆），布墙纸，SLC 面板上喷涂（精工），FAB-ACE（Fab Ace）定制图案
吊顶：GRG 上 EP 喷涂（音响反射面板），FG 板上 EP 喷涂
装饰金属构件：铸件，现有再利用的基础上金粉涂饰
舞台台口：桧柏木现有再利用，聚氨酯涂层
帘子：铝管电解 2 次着色（金色）
**地下 2 层木挽町广场**
地板：大尺寸瓷砖贴面
墙壁：铝板 $t$=3mm，粉体涂装镜面加工（剧场红），Ajax（大理石），铝制

**【近代建築史・保存などに関するもの】**
村松貞次郎『日本近代建築の歴史』日本放送出版協会 1977 年
稲垣栄三『日本の近代建築』鹿島出版会 1979 年
日本建築学会『総覧 日本の建築 第 3 巻／東京』新建築社 1987 年
『ＴＨＥ丸の内 100 年の歴史とガイド』三菱地所 1991 年
『丸の内百年のあゆみ』三菱地所 1993 年
木村勉・金出ミチル『修復 まちの歴史ある建築を活かす技術』理工学社 2001 年
鈴木博之『現代の建築保存論』王国社 2001 年
志村直愛・建築から学ぶ会『東京建築散歩 24 コース』山川出版社 2004 年
岡本哲志『「丸の内」の歴史 丸の内スタイルの生成と変遷』ランダムハウス講談社 2009 年

**【日本工業倶楽部会館に関するもの】**
『日本工業倶楽部会館 歴史検討委員会 報告書』日本都市計画学会 日本工業倶楽部会館歴史検討委員会 1999 年
『日本工業倶楽部会館 歴史調査報告書』三菱地所 2001 年
『日本工業倶楽部会館 保存再現工事報告書』三菱地所設計 2003 年

峯岸良和（早稲田大大学院）・長谷見雄二・安井昇「歴史的建築物における意匠保存と防災計画の両立のための基礎研究 ―日本工業倶楽部会館大階段区画における煙流動解析」『日本建築学会大会学術梗概集』2004 年
須藤啓・野村和宣・今枝亮一「日本工業倶楽部会館の保存・再現 1 会館の建設及び震害補修の経緯」『日本建築学会大会学術梗概集』2004 年
須藤啓・野村和宣・今枝亮一「日本工業倶楽部会館の保存・再現 2 会館の解体調査 ( 構法・材料・施工 ) の概要」『日本建築学会大会学術梗概集』2005 年
今枝亮一・須藤啓・野村和宣「日本工業倶楽部会館の保存・再現 3 会館の保存・再現工事（構法・材料・施工）の概要」『日本建築学会大会学術梗概集』2006 年

**【三菱一号館に関するもの】**
『旧三菱一号館復元検討委員会 報告書』日本都市計画学会 三菱一号館復元検討委員会 2005 年
『旧三菱一号館復元検討委員会 報告書』日本建築学会関東支部 三菱一号館復元検討委員会 2005 年
『三菱一号館 復元工事報告書』三菱地所・三菱地所設計・竹中工務店 2010 年
『三菱一号館 Double Context 1894-2009 誕生と復元の記録』（新建築第 85 巻 3 号）新建築社 2010 年
三菱地所『三菱一号館美術館 丸の内に生まれた美術館』武田ランダムハウスジャパン 2012 年

野田郁子・野村和宣「旧三菱一号館の復元 その 1 復元の根拠史料について」『日本建築学会大会学術梗概集』2006 年
小川一郎・稲田達夫・門河直実・吉原正・安達洋・中西三和「三菱一号館の復元に伴う構造耐力試験 その 1．建物概要と試験目的」『日本建築学会大会学術梗概集』2006 年
森永英里・岩下善行・松本惇・山中邦元・小川一郎・稲田達夫・安達洋・中西三和「三菱一号館の復元に伴う構造耐力試験 その 2．予備試験」『日本建築学会大会学術梗概集』2006 年
岩下善行・松本惇・森永英里・山中邦元・小川一郎・稲田達夫・安達洋・中西三和「三菱一号館の復元に伴う構造耐力試験 その 3．本試験：圧縮試験、直接せん断試験」『日本建築学会大会学術梗

概集』2006 年
松本惇・岩下善行・森永英里・山中邦元・小川一郎・稲田達夫・安達洋・中西三和 「三菱一号館の復元に伴う構造耐力試験 その 4．本試験：面内曲げ試験」『日本建築学会大会学術梗概集』2006 年
中西三和・岩下善行・松本惇・森永英里・山中邦元・小川一郎・稲田達夫・安達洋 「三菱一号館の復元に伴う構造耐力試験 その 5．本試験：モックアップ試験体の面外加力試験、及び梁部の面外曲げ試験 試験概要」『日本建築学会大会学術梗概集』2006 年
吉原正・小川一郎・稲田達夫・門河直実・安達洋・中西三和 「三菱一号館の復元に伴う構造耐力試験 その 7．試験結果の考察」『日本建築学会大会学術梗概集』2006 年
小川一郎・野田郁子・楠寿博・樋口成康 「三菱一号館木造屋根トラス接合部の耐力性能実験 その 1 杵束端部接合部の引張耐力」『日本建築学会大会学術梗概集』2007 年
長谷見雄二（早稲田大）・安井昇・稲葉さとみ 「三菱一号館再建における屋根の耐火設計と屋根部材の耐火性能 その 1 耐火設計の基本構想と屋根部材の目標耐火性能の設定」『日本建築学会大会学術梗概集』2007 年
稲葉さとみ・長谷見雄二・安井昇 「三菱一号館再建における屋根の耐火設計と屋根部材の耐火性能（その 2） 耐火性能を有する屋根部材の開発」『日本建築学会大会学術梗概集』2007 年
野田郁子・岩井光男・東條隆郎・山極裕史・野村和宣・江島知義 「旧三菱一号館の復元 その 2 復元設計の概要」『日本建築学会大会学術梗概集』2008 年
楠寿博・小川一郎・野田郁子・樋口成康 「旧三菱一号館の復元 その 2 復元設計の概要」『日本建築学会大会学術梗概集』2008 年
樋口成康・山極裕史・野村和宣・清家正樹・鈴木高明・江島知義・野田郁子・坂本勤・田中愛・井原健史・今関憲二 「旧三菱一号館の復元 その 3 施工の概要」『日本建築学会大会学術梗概集』2009 年

**【東京中央郵便局に関するもの】**

『東京中央郵便局 歴史検討委員会 報告書』 日本都市計画学会 東京中央郵便局歴史検討委員会 2008 年
『旧東京中央郵便局舎（ＪＰタワー保存棟）保存工事報告書』 郵便局 ( 株 ) 2012 年
『建築画報モノグラフ ＪＰタワー』 建築画報社 2013 年

前田花織・蘇理萌子・長谷見雄二 「東京中央郵便局の創建時の状態での避難安全性能に関する研究（その 1） 創建時用途での避難安全検証」『日本建築学会大会学術梗概集』2007 年
蘇理萌子・前田花織・長谷見雄二 「東京中央郵便局の創建時の状態での避難安全性能に関する研究 その 2 防災性能から見た用途的可能性」『日本建築学会大会学術梗概集』2007 年
藤岡洋保 「東京中央郵便局の設計趣旨」『日本建築学会大会学術梗概集』2007 年
山宮輝夫・野口憲一・杉江夏呼・中沢裕二・工藤勝・七牟禮博幸 「昭和初期に建設された建築物の屋上防水層調査結果とその考察 東京中央郵便局の事例」『日本建築学会大会学術梗概集』2010 年
水口智也・野村和宣・大西康文・野口憲一・杉江夏呼 「東京中央郵便局 建物調査その 1 資料調査」『日本建築学会大会学術梗概集』2010 年
大西康文・水口智也・野村和宣・野口憲一・杉江夏呼・永井香織 「東京中央郵便局 建物調査その 2 タイル調査」『日本建築学会大会学術梗概集』2010 年
杉江夏呼・水口智也・野村和宣・大西康文・野口憲一・久保田浩 「東京中央郵便局 建物調査その

3 外部スチールサッシ調査」『日本建築学会大会学術梗概集』2010 年
野口憲一・水口智也・野村和宣・大西康文・杉江夏呼「東京中央郵便局 建物調査その 4 現業室調査」『日本建築学会大会学術梗概集』2010 年
小川一郎・吉原正・永山憲二・水口智也・鈴木裕美・渡邉俊徳 「東京中央郵便局 建物調査その 5 構造（柱梁接合部）調査」『日本建築学会大会学術梗概集』2010 年
山宮輝夫・野口憲一・杉江夏呼・中沢裕二・工藤勝・七牟禮博幸 「昭和初期に建設された建築物の地下防水層調査結果とその考察 東京中央郵便局の事例」『日本建築学会大会学術梗概集』2011 年
兼松紘一郎・山本玲子・南一誠 「東京中央郵便局をめぐる保存運動 「東京中央郵便局を重要文化財にする会」の活動（1）」『日本建築学会大会学術梗概集』2011 年
山本玲子（千葉大）・兼松紘一郎・南一誠 「: 東京中央郵便局をめぐる保存運動 「東京中央郵便局を重要文化財にする会」の活動（2）」『日本建築学会大会学術梗概集』2011 年
佐々木崇・小川一郎・内藤仁・玉村光平・二見賢仁・宮口克一 「東京中央郵便局のコンクリートの再アルカリ化補修」『日本建築学会大会学術梗概集』2012 年
石 定幸・渡邊徹・水口智也・野村和宣・大西康文・杉江夏呼・野口憲一 「東京中央郵便局 建物調査 その 6 既存ペデスタル杭の鉛直載荷試験」『日本建築学会大会学術梗概集』2012 年
水口智也・野村和宣・大西康文・内藤仁・野口憲一・杉江夏呼 「東京中央郵便局 保存工事 その 1 概要」『日本建築学会大会学術梗概集』2012 年
大西康文・水口智也・野村和宣・内藤仁・野口憲一・杉江夏呼 「東京中央郵便局 保存工事 その 2 外装」『日本建築学会大会学術梗概集』2012 年
内藤仁・水口智也・野村和宣・大西康文・野口憲一・杉江夏呼 「東京中央郵便局 保存工事 その 3 内装」『日本建築学会大会学術梗概集』2012 年

**【歌舞伎座に関するもの】**

『歌舞伎座 部材調査報告書』 三菱地所設計 2009 年
『五代目歌舞伎座の建築』（新建築第 88 巻 9 号） 新建築社 2013 年
『匠の技 歌舞伎座をつくる』 清水建設 2014 年
『新開場記念 歌舞伎座』 松竹・歌舞伎座 2013 年
『歌舞伎座百年史』 松竹・歌舞伎座 1995 年
『松竹百年史』 松竹 1996 年
岡本哲志 『銀座四百年 都市空間の歴史』 講談社選書メチエ 2006 年

住谷覚・大澤秀雄・野村和宣・林章二・宮谷慶一 「歌舞伎座 建物調査 その 1 史料調査」『日本建築学会大会学術梗概集』2011 年
林章二・大澤秀雄・野村和宣・住谷覚・宮谷慶一 「歌舞伎座 建物調査 その 2 史料調査における第四期改修の概要」『日本建築学会大会学術梗概集』2011 年
林章二・宮谷慶一・川西敦史・大澤秀雄・野村和宣・住谷覚 「歌舞伎座 建物調査 その 1 解体調査の全体概要」『日本建築学会大会学術梗概集』2013 年
住谷覚・大澤秀雄・野村和宣・川西敦史・林章二・宮谷慶一 「歌舞伎座 建物調査 その 2 解体調査 ( 構法・材料 ) の概要」『日本建築学会大会学術梗概集』2013 年
川西敦史・大澤秀雄・野村和宣・住谷覚・林章二・宮谷慶一「歌舞伎座 第五期歌舞伎座の設計概要」『日本建築学会大会学術梗概集』2013 年

# 向跨越了时代、参与同一项目中的所有人表达谢意

建筑仅靠设计师是无法建成的。建筑所有者自不用说，其他还包括施工者、有批准权限的人、使用者等，都与建筑相关，建筑是与建设·运营·使用相关所有人的创造性想法的结晶。尤其是历史建筑，作为“活生生的建筑”，是历经各时代的“人气”的结晶。向光泽渐渐暗淡的结晶吹拂新的“气息”，使其再次闪耀，正是本书主书名“历史建筑的再生”的原意。

这本书中介绍的项目均是靠众多人士的协作及共同的愿景才得以完成。我作为有幸参与如此有意义项目之中的设计者，对于理解历史建筑的继承意义并作出果断决定的开发者，表达衷心的感谢。

另外，对于在困难工程前果敢挑战、直率应对的施工者，提出指导性建议的学者、专家、经验人士、行政部门的人员，顽强地推进设计及调查工作的设计人员，细致入微地维持、管理建筑的工作人员，以及通过历史建筑与古旧图纸中留存的信息不断给予我们启示的已逝去的原初设计者·施工者……虽然因篇幅限制无法将所有人的姓名一一列举，但在这里，我想向跨越时代参与同一项目中的所有人表达谢意。

野村和宣

2014年7月吉日

这本书正如其书名所示，并不是一本关于如何保存历史建筑的理论或技术专著，而是在设计工作一线、面对历史建筑的建筑师对自己工作过程的记录，对遇到的困难、思索的问题，以及最终如何借助各种资源实现设计想法的经验阐述。

在城市空间的更新中，围绕其中的历史建筑，有众多角色带着自身的诉求登场：在更新开发中寻求经济利益的开发商，希望通过开发改善城市公共空间环境以获取舆论好评的政府官员，希望最大限度保护建筑本体原貌及学术价值的专家学者及相关学术团体，对历史建筑的结构安全、消防安全、设备功能方面等均有要求的专业技术人员，以及作为城市环境的使用者且对历史建筑及其街区环境的继承和发展均会发表意见的的民间团体，等等。各个角色的各类诉求，虽然有能够相互调和的方面，但也存在不少矛盾尖锐之处。

既是城市环境的设计者又是城市环境的使用者，既对于历史建筑的价值及其保护需求有基于专业知识的判断，又需要积极回应开发商经济利益诉求的建筑师，需要通过其创造性的工作整合各方诉求，并最终借由建筑本体及其所形成的空间环境给出最切实的答案。这项工作不仅需要扎实的专业知识，更需要站在合适的立场，用灵活的态度和宽泛的视野，借助多样的资源，才能在错综复杂的环境中寻找到那个最合适的平衡点。在本书中，作者通过亲身经历的 4 个工程案例，忠实记录了自己思索和努力的全过程：如何在项目初期的调查研究阶段寻找与学术研究不同的视点，如何同专家团体共同确定建筑的历史价值和保护原则，如何推进城市规划制度的制定并为历史建筑的继承取得制度上的支持，如何通过最先进的结构及设备技术确保历史建筑符合现今建筑规范的要求，如何通过初期投资与长期收益的平衡计算，回应开发商在经济利益上的诉求，等等。

在当今中国的各大城市中，城市空间的迭代更新正开展得如火如荼。对于在错综复杂的环境中，建筑师应该怎样确定自己的立场、怎样创造性地给出最佳答案等问题，这本书是具有参考和启发意义的。目前，本书的作者和译者带着在东京积累的经验正参与诸如上海红坊地区城市空间更新与历史建筑保存的工作之中。

最后，需要再次强调的是，这本书并没有给出结论性的历史建筑保存的方法论，也就是说，和所有建筑设计一样，对城市更新中的历史建筑保存并没有一个标准答案。作者在书中记录的对每个项目案例求解过程中的思索、努力、经验和教训正是其内容的价值所在。

陈笛<br>2021 年 8 月

图书在版编目（CIP）数据

历史建筑的再生：东京丸之内的四个工程案例 /（日）野村和宣著；陈笛译 . -- 上海：同济大学出版社，2021.11
ISBN 978-7-5608-9952-7

Ⅰ.①历… Ⅱ.①野… ②陈… Ⅲ.①古建筑－修缮加固－案例－日本 Ⅳ.① TU746.3

中国版本图书馆 CIP 数据核字 (2021) 第 208036 号

历史建筑的再生：东京丸之内的四个工程案例
（日）野村和宣 著　　陈笛 译

责任编辑　武　蔚
责任校对　徐春莲
装帧设计　曾　增
出版发行　同济大学出版社 http://www.tongjipress.com.cn
（地址：上海市四平路 1239 号　邮编：200092　电话：021-65985622）
经　　销　全国各地新华书店，建筑书店，网络书店
印　　刷　上海安枫印务有限公司
开　　本　889mm×1194mm　1/32
印　　张　8.5
字　　数　229 000
版　　次　2021 年 11 月第 1 版　2021 年 11 月第 1 次印刷
书　　号　ISBN 978-7-5608-9952-7
定　　价　65.00 元